拉麵店每天都在排隊為什麼還會虧？

從成本控管、損益平衡到持續獲利，開店要懂的會計基本知識

会計の基本と儲け方はラーメン屋が教えてくれる

石動 龍 Ryu Ishid

吳亭儀——譯

前言

「來開一家拉麵店吧！」擁有士業[1]執照的我想開拉麵店的理由

我擁有公認會計士、稅理士、司法書士和行政書士等四項專業執照，並於土生土長的青森縣八戶市開設綜合會計法務事務所。

也就是說，「士業」的工作，才是我的本業。

這樣的我卻於2020年10月，在家鄉開了一家拉麵店。

這家店的名字叫做「龍拉麵」。我希望店名簡單明瞭，因此決定用自己的名字來命名。經常有人問我：「都自己開店了，你一定是個拉麵狂吧！」事實上並非如此。拉麵對我來說，就是一個月頂多吃兩到三次左右的食物而已。

我之所以開始經營拉麵店，主要有三個理由。

第一個原因很簡單，單純只是因為我想當一個拉麵店老闆。

我憧憬的一直都是「拉麵店」，而非拉麵這種食物本身。

拉麵店老闆給人的印象，就是綁著頭巾、雙手抱胸，用拉麵一決勝負的人。他看似臭著一張臉，但是當客人稱讚「好吃」的時候，他會打從心底開心起來——。我一直想成為這樣的人，一個看似旁若無人卻充滿人情味的人。

我自己也是那種不聽人說話的類型。小時候，我的聯絡簿上常出現「不專心聽課」幾個大字。

我的興趣是格鬥技，卻從未向任何人學習格鬥技巧，我甚至不做熱身運動。我想我是那種天生不受教的人。

不管做什麼，我都更樂於以自行摸索的方式，不斷反覆嘗試，並從錯誤中學習。因此，不需要依循太多理論學說的拉麵，對我而言可謂一拍即合。

第二個原因是餐飲業的經營風險非常高，經營拉麵店當然也是如此。不過正因如此，我更要大膽挑戰。

成立事務所的成本低廉，穩定經營亦不是件難事，所以很少有人因為經營不善而倒閉。

1 日本的「士業」類似臺灣的「師」，指具備高度專業能力，並經國家或民間考試取得資格、在相應監管部門登記或備案的人士，但文化意涵及業務範圍與臺灣略有不同。若大致類比，「公認會計士」是會計師，「稅理士」類似記帳士，「司法書士」是代書（地政士），「行政書士」則類似（民法）法律顧問。

但是，包含餐飲業在內的許多中小企業老闆，卻為了經營事業承擔風險，甚至賭上自己的人生。當我面對這些客戶時，總會感到些許不安，懷疑身處安逸環境的自己，是否適合向他們提出建議。我想，若和他們站在相同的立場，一定會看到截然不同的風景。

事實上，辛苦經營拉麵店的日子，也確實成為我非常寶貴的學習經驗。最後一個原因，則是希望振興因人口減少而逐漸沒落的市中心商圈，為故鄉盡一份力。

我居住的青森縣八戶市正在面臨人口流失的問題。這裡的人口在2000年時約有25人，20年後卻減少了差不多3萬人。根據預測，八戶市的人口在未來仍會持續萎縮下去。

除此之外，由於規模較大的商店進駐郊區，過去繁華熱鬧的市中心商圈也逐漸冷清下來。所以如果這家拉麵店能吸引更多人來訪市中心，並在吃麵之餘也去逛逛其他商店，對我來說就是最開心的事了。

本書以個人經驗為基礎，將我的士業專業知識和經營拉麵店的經驗融入其中，盡可能以簡明扼要的方式，向各位讀者說明做生意要「賺錢」必須具備的「會計」知識。

這本書不僅非常適合實際經營公司或店鋪的老闆閱讀，其他像是對「錢」或「會計」感興趣、或是想了解如何經營一家拉麵店的人，也是一本可以輕鬆閱讀的實用書籍。

不需要想得太複雜，只要稍微感興趣就足夠了。我相信有些人光是聽到「數據」這兩個字就頭痛，但其實只要花一點點時間閱讀這本書，就可以獲取對工作非常有用的知識。

如果拿起這本書的讀者，都能獲得一點「會計」和「賺錢」的基礎知識，我就心滿意足了。

2022年4月 石動龍

前言

第1章

從經營拉麵店學習「會計」的重要性

第2章

一碗拉麵如何產生利潤？

第3章

拉麵店有效「運用資金的方法」

第4章 從經營拉麵店學習「如何聰明省錢」

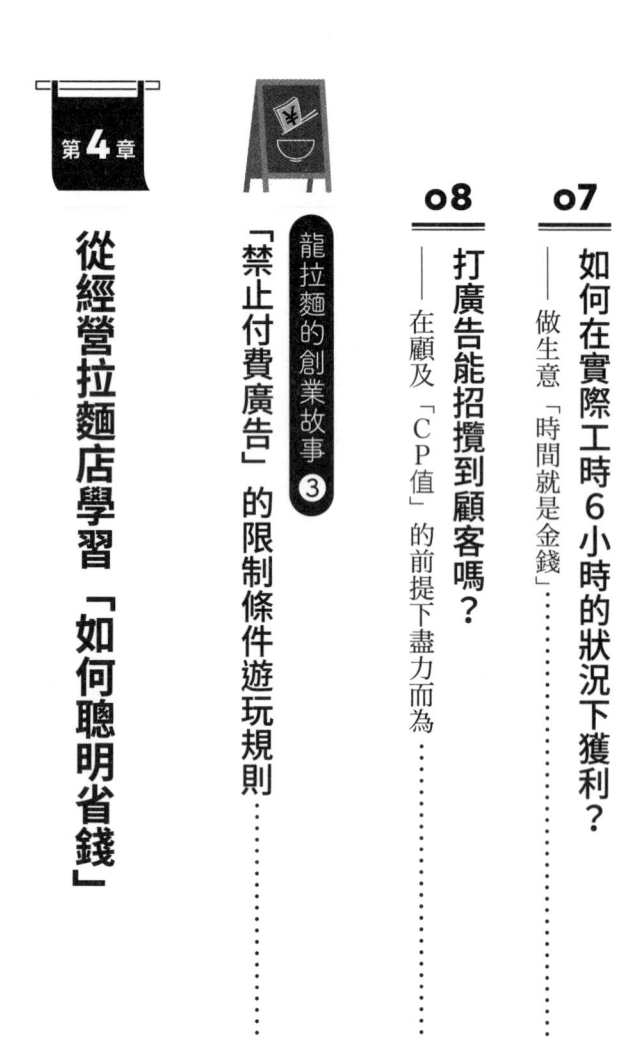

第1章

從經營拉麵店學習「會計」的重要性

01 「賺錢」其實很難
——職業如何影響利潤？

你知道嗎？做生意賺錢並不是一件簡單的事。

讓我們舉個例子思考看看。田中先生經營一家拉麵店，每個月的營業額（營收）大概是一百萬日圓。另一位鈴木先生是一位撰稿人，每個月的稿費收入大概是三十萬日圓。問題來了，哪一個人賺的錢比較多？

正確答案是「我不知道」。抱歉在書的一開始，就用這個問題刁難大家。不過既然都翻開這本書了，我希望每個人都能思考一下這個問題。

大家都說要「賺錢」，那到底怎麼樣才算是「賺錢」？

所謂「賺錢」，指的是無論在過程當中支出或收入多少，最後我們手頭上還有錢。我平常滑X（舊稱 Twitter）或其他社群媒體平台時，每次看到有人在自介寫上「月營收○百萬達成！」，事業好像做得很成功的樣子，就會不由自主地想：「不知道實際利潤有多少？」。

重要的是「利潤」而非「營收」

營收固然重要，但是「利潤＝賺錢」的重要性卻遠高於營收。為什麼這麼說？因為沒有利潤的狀態稱為「赤字（虧損）」，代表公司做生意沒賺錢，手頭上的錢還變少了。

大家可能曾經在企業倒閉的新聞中聽過「資不抵債」這個專有名詞。所謂資不抵債，指的是公司連續赤字導致債務迅速增加，甚至超過公司所持有的現金、土地和建築物等資產的價值。

眾所周知，銀行會選擇貸款的對象，無論個人或公司。在《半澤直樹》這類以銀行為題材的電視劇當中，也曾出現公司陷入絕境時，公司老闆奮力懇求銀行員「無論如何請行行好貸款給我」的橋段。

但是若貸款對象不還款，銀行也會陷入麻煩，因此當銀行斷定對方「無還款能力」時，就會拒絕貸款。

一家公司之所以會破產然後上新聞，通常都是上述狀況已然發生、公司怎麼做都無力回天了。事實上，我在成為公認會計士之前上班的那家公司，也是被銀行拒絕貸款，最終走上破產一途。

只看營收無法看出利潤多少

讓我們回到一開始的那個問題。拉麵店老闆田中先生和撰稿人鈴木先生，我們看不出來到底誰賺的錢比較多。為什麼？

因為拉麵店若要營業，除了必須採購食材外，可能也要雇用打工的計時人員。此外，還得支付水費和瓦斯費。雖然營收達到一百萬日圓，但扣除這些必要支出，實際留在手頭上的錢應該僅剩不多。

另一方面，撰稿人需要支出的成本價格遠低於拉麵店。因為撰稿人的工作是寫好文章後交稿給業主，因此只要有一台電腦，就能在家工作。和擁有一間拉麵店這類型的店鋪做生意相比，撰稿人執業等於完全不用付出任何成本。

也就是說，除非能查到經營拉麵店所需的成本或費用，否則我們無從得知究竟哪一方賺的錢比較多。

賺不到錢怎麼辦？

接下來跟大家說一個有點恐怖的故事。我除了擁有公證會計士、稅理士的資格以外，也擁有行政書士和司法書士這兩種資格。我想一般人可能都不太知道，司法書士的工作到底在做什麼？

司法書士的主要工作是不動產登記，為顧客處理土地、建築物等房地產因買賣或繼承等原因需要辦理登記時的相關業務。除此，司法書士的業務範圍也包含準備向法院提交的相關文件、被法院選為無親屬之成年人的監護人[1]等。

到法院辦理的業務當中，有一項是**聲請破產**。當債務人無力清償債務時，為了擺脫債務困境，可聲請破產使法院介入破產清算，透過法律程序來免除債務。

不過當然也有缺點，那就是一旦聲請破產，將被聯徵中心列入所謂的「黑名單」。這也代表破產人會有一段時間無法貸款，也無法申請信用卡。

我們事務所偶爾會接到一些「想要聲請破產」的客戶諮詢需求。為了填寫必要文件，我們通常會詢問對方債務增加的原因。造成此類狀況的原因各式各樣，例如賭

1　日本有成年後見制度（監護制度），是對於沒有足夠判斷能力之成年人（如患痴呆症之老年人、智障者、精神障礙者）的保護制度。

哪一個比較賺錢？

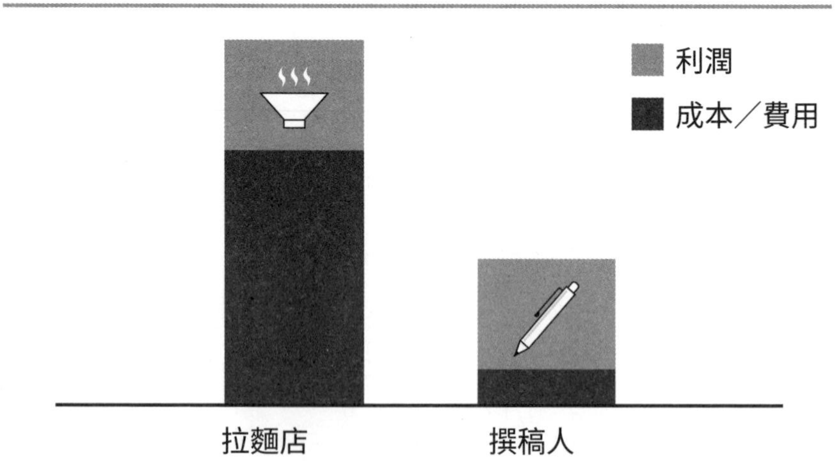

博，或因意外事故而失業等，而「經商失敗」就是其中最常見的原因之一。

急遽變化的餐飲業

特別是餐飲業，聽說餐廳開幕後，至少有一半以上會在五年內倒閉，高達九成的餐廳會在十年內關門大吉。「附近才剛新開的店已經倒了。」相信各位讀者也有類似的經驗吧？**由於進入餐飲業的門檻較低，在競爭激烈的情況下，失敗也屢見不鮮。**

接下來舉一個最典型的失敗案例。有個上班族他辭掉了辦公室的工作，在沒有任何相關經驗的情況下開了一家新餐廳。他全面翻新餐廳的外觀和內裝，連餐具和各式備品都精心挑選，因此光是創業就花了一千五百萬日圓。其中有三百萬是他的自有資金，不夠的一千兩百萬就向銀行貸款。然而現實是殘酷的，在無法如期吸引更多客人的狀況下，餐廳開幕僅僅一年就倒了。

在上述情況下，由於貸款到的錢必須用來支付工程費用，因此這位上班族手邊已經沒有剩下任何錢。以獨資經營的狀況來說，若為了籌措開店資金向銀行貸款，一般來說還款期限大概是七到十年，以分期付款的方式慢慢還清。

然而，**若店鋪不幸在短時間內倒閉，接下來應該慢慢償還的貸款，就會幾乎原封不動保留下來**。當然這位上班族可以再次成為受雇員工，透過賺取薪資的方式還款。但是因為負債過高，導致生活難以維持，他便開始尋求免責債務的方法，例如聲請破產等。

餐廳不是因為人為犯錯而倒閉的

開店之後在短時間內陷入經營困境的人，難道都犯了什麼會導致倒店的大錯嗎？事實並非如此。

或許計畫確實不夠嚴謹，但是這個案例之所以無法成功，**只取決於一個簡單的事實，那就是來客數不如預期**。

這個事實不僅適用於餐飲業。集客是否成功，影響的層面相當廣泛，可謂牽一髮而動全身。天氣不好、天氣忽冷忽熱、感染新型冠狀病毒（Covid-19）的人增加、預定於附近舉辦的活動突然取消……。來客數會因為上述種種原因，而突然砍到只剩昨天的一半。剛剛舉出來的這些例子，其實都是龍拉麵實際遭遇的狀況。

即便如此，我們仍然必須為可能上門的客人做好萬全準備。如果客人特地前來，卻發現想點的拉麵賣完了，除非是平常就相當受歡迎的人氣店鋪，否則客人很可能會因為失望而不再上門光顧。

我聽說受歡迎的拉麵店，有時會為了讓客人排隊，故意不補湯頭。可是如果商品本身的吸引力不夠強，反而會造成反效果。

因為經驗不足的關係，實在很難預測來客數。我曾經嘗試根據天氣和星期幾來預測來店的人數，但是幾乎沒有成功過。每天，我們都要面對客人無緣無故比昨天少一半，或是無緣無故比昨天多一半的狀況。

如果來客數低於預期，根據行業的特性，可能會出現庫存損失的情況。例如食物一旦變質只能丟掉，就等於損失了所有購入該食材的資金。

「會計」是幫助生意長久運作的工具

綜上所述，做生意要能持續獲利，並且長久經營下去，並不是一件簡單的事。

雖說如此，**我們仍可透過努力學習，來大幅降低店鋪倒閉和破產的可能性。為了達到這個目的，我們必須活用「會計」這項工具**。

有些人一聽到「會計」這兩個字，就會反射性地覺得「可是我不擅長數字！」如果你有這樣的想法，請放心，只要知道怎麼算加減乘除，就能正確理解會計的運用方式。接下來的章節，我會用簡單易懂的方式逐步向各位讀者說明。大家一起來學習受用一生的會計知識吧！

02

真的有簡單好賺的生意嗎？

——營收、費用和風險的平衡

我還在念大學的時候，因為沒錢，幾乎天天吃沒有料的咖哩。甚至還因為沉迷於格鬥和麻將，被留級兩年。所以我對拿不到德語學分、而不得不連續六年跟小大一上同樣課程的時光，有著特別美好（或說痛苦的？）回憶。

當時的我四處遊蕩，也幾乎不打工，但還是經常購買每公斤3千日圓（約6百到7百元新台幣）的乳清蛋白粉，導致我一直口袋空空。

我想輕鬆賺錢。

難道沒有躺著睡一整天，錢就會自己增加的方法嗎？我記得，我曾經茫然地思考過這個問題。

難道就沒有既輕鬆又能賺錢的方法嗎？

在那之後過了二十年。即便是現在的我，也還沒有找到可以躺著賺錢的方法。若

看清風險和報酬

說找到了什麼，應該就是坐擁大量資本的資本家進行的、那種低風險投資的模式吧？

豐田汽車公司的殖利率近年來一直徘徊在3%左右。假如我們投入1億日圓，購買一家殖利率水準相同、且不太可能破產的公司股票，每年可以獲取的股息是3百萬日圓。雖然可能因為股價下跌而造成損失，但這種投資方式可以獲得相對穩定的收入。

另一方面，加密資產（虛擬貨幣）這類具有龐大利潤潛力的投資標的，不僅價格波動較激烈，風險也相對較高。相反地，挑戰風險較低的投資標的，當然也只能獲取較低的報酬。對於沒有足夠資本的人來說，**我認為在可能的範圍內盡量承擔風險，以聚沙成塔的方式不斷努力累積，才是獲利的捷徑。**

近年來，人們的工作方式開始急遽改變。不只豐田汽車的社長曾經表示「終身雇用制愈來愈難維持下去」，選擇成為自由工作者或者獨立創業的人也變得愈來愈多。**不過談到獨立創業，其實也有相當多種選擇**。其中有沒有特別簡單好賺的生意呢？

「賺錢」的具體方式有哪些？

在上一節當中，我曾經提到「利潤＝賺錢」這個概念。換句話說，**所謂容易賺錢的生意，指的其實就是容易賺取利潤的生意**。

接下來，讓我們把利潤拆解為幾個重要的因素。

首先要談進到手上的錢。這些錢就是所謂的「**營業收入**」，簡稱「營收」。如果經營拉麵店，就是客人來吃麵後付的錢；經營服飾店，就是賣衣服收的錢；如果是撰稿人，當然就是稿費了。

這個世界上沒有一筆生意是不需要花錢的，這也代表營收必須達到一定標準，否則這筆生意就沒有利潤可言。利潤呈現負數狀態，就是所謂的「赤字」。

譬如煮一碗拉麵，必須準備肉、雞骨、小魚乾和蔬菜等各式各樣的食材。而賣衣服一般來說，則是必須向廠商批貨。

像上述這類為了準備商品而直接產生的支出，即為「**營業成本**」或「營業費用」。接下來的篇幅將分別簡稱為「成本」與「費用」（請參閱本書第28頁的圖表）。

每種職業的「獲利」結構不同

撰稿人需要支出的成本為何？撰稿人不需要為了寫稿，每次接案都買一台新的電腦。撰寫某些企劃類型的文章，確實可能產生成本，不過相較之下，撰稿人可說是一種不太需要成本的職業別。

拉麵店除了食材成本之外，還會產生店租、瓦斯費和水費等支出。如果店面不在市中心的站前商圈，客人通常都會開車來，這時就需要租用停車場。龍拉麵也有額外租用兩個停車場，分別是員工用停車場和客用停車場。由於客人通常會集中在午餐和晚餐時段來訪，因此我們也不得不根據座位的數量來雇用兼職人員。

服飾店也一樣，如果商品不限於網路販售，經營服飾店就一定要租用店面。服飾店當然會需要支付最基本的水電瓦斯費，但費用應該會比餐飲店低上許多。

同時，客人不會集中在某幾個時段來店，因此若店鋪的面積不大，應該只要一位店員就能應付整家店。

另一方面，撰稿人不用租店面，只要在家就能工作。大多數的撰稿人甚至沒有雇用助手。因此對撰稿人來說，執業幾乎不需要花費任何費用。

粗略來說，「**利潤＝營收－費用**」，如果我們順著這個公式的邏輯思考，最好賺的職業應該是撰稿人，而最難賺的職業則是拉麵店。

為了「獲利」，最重要的是平衡「營收」、「費用」和風險

然而事實上，「撰稿人比拉麵店和服飾店更好賺！」並不是這個問題的結論。為什麼？

我試著調查了撰稿人的平均薪資行情。對沒有經驗的新手來說，每寫一個字頂多只能賺1日圓。因為文章有長有短，這邊我們以一篇3千字的文章來計算看看。一般來說，一張稿紙4百個字，寫出一篇使用7頁半稿紙的文章，可以領到的稿費是3千日圓。

各位有曾經為了交作業，硬要擠出一篇閱讀心得或作文而苦不堪言嗎？連這種程度的文章都是大多數人的痛苦回憶了，若要靠接案寫作來賺錢，不只需要一定程度

的寫作技術，還要花上很多時間。對不習慣寫作的人來說，應該很難在一、兩個小時之內寫出一篇3千字的文章。

另外，接案也沒有想像中簡單。因為沒有實體店面，即使在自家門口掛上一個「我開始幫人寫稿了！」的看板，也不會出現剛好想著「喔喔，這裡剛好有一個撰稿人耶」並主動上門委託工作的案主。

如果你在發案公司沒有人脈，就必須利用「LANCERS」這類的群眾外包服務仲介平台來找工作。

然而，用同樣方式找工作的人很多，所以如果你不是「某個領域的佼佼者」，報酬就很容易被壓在較低的區間，難以大幅拉高單價。假設一篇文章的單價是3千日圓，即使每週寫五篇文章，等於每個月寫二十篇文章，每個月的營收也只有6萬日圓而已。

那麼，有店面的服飾店，狀況又是如何？不同地點的狀況不同，有些人走進服飾店可能只是毫無目的地隨便逛逛。對流行時尚敏感的人，可能甚至會主動查詢哪裡有新店開幕。

雖說如此，包含我自己在內的多數中年男性，通常對衣服不太感興趣。此外，規

拉麵店「向心力」和「離心力」之間的關係

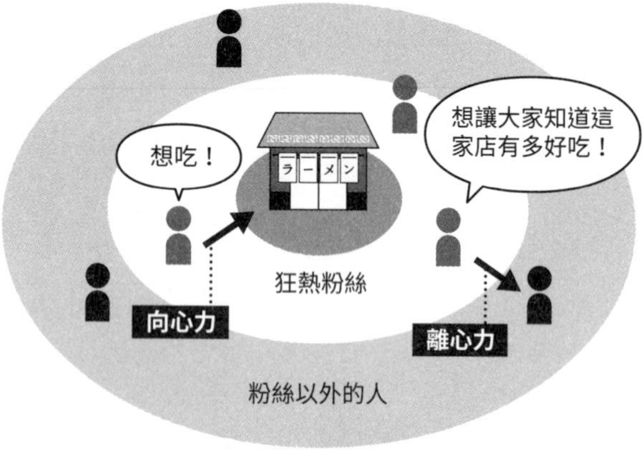

模較小的服飾店往往只針對某個性別或年齡層的目標客群，如女性、男性、學生或社會人士等等。

受到這種特性的影響，服飾店的目標客群通常只侷限在特定族群，因此也很難持續吸引顧客上門。

拉麵店其實很容易吸引顧客

和撰稿人、服飾店相比，拉麵店更容易吸引顧客。

拉麵擁有許多瘋狂的愛好者，這群人只要一聽說有新店開幕，就會紛紛前來一探究竟。

只要能滿足粉絲的味蕾，口碑很快就會在網路上傳開，為這家店帶來一些參考美食評論過來的一般客人。

當然，如果拉麵本身的口味水平下降，或是價格太貴，客人就會慢慢不再上門，因此口碑傳播其實是一把雙面刃。

如果拉麵店位於早晚人流較多的位置，因為路過而走進店裡的散客就會更多。摔角手安東尼奧豬木曾經提倡過「**環狀線理論**」。他的理論核心簡單來說，就是為了讓職業摔角場館總是座無虛席，不僅要吸引環狀線內側的摔角迷，還要努力讓對摔角不感興趣的環狀線外側觀眾也轉而關注摔角。

為了達到這個目的，**我們不僅需要熱情粉絲的向心力，也要有吸引一般大眾的離心力**。

而拉麵店這個類型，同時具備了這兩種力量。一家好的拉麵店很快就會大排長龍，也會經常受到媒體青睞，得到許多採訪機會。龍拉麵開業一年以來，無論電視、報紙或網路媒體都陸續前來採訪，專訪次數將近十次之多。

如上所述，不同類型的店鋪，吸引顧客的難易度也會有所差異。

一般來說，成本花費較高的類型，較容易吸引群眾目光。

此外，**營收、費用和風險之間的平衡，將是一家店是否能夠簡單獲利的重要關鍵**。為了維持一定的獲利水準，如何做到平衡，將是經營店面必須仔細考量的重點。

03

一碗拉麵多少錢？

——以龍拉麵的定價為例

各位讀者，你們煮過拉麵嗎？

在我為了準備開店開始試做前，我完全沒有煮拉麵的經驗。試著煮煮看後，我很訝異自己竟然可以做出口味還可以的拉麵。在這個資訊爆炸的時代，任何人都可以輕易在網路上查到各式各樣的菜單。

順帶一提，漫畫《美味大挑戰》（東立出版社，原書名：美味しんぼ）中有一段情節，海原雄山吃了咖哩後拋出「咖哩究竟是什麼？」的大哉問，店主無言以對，並流露出不知所措的神情。

如果有人問我「拉麵究竟是什麼？」，我應該也會很困惑吧。凡是有麵條的湯，應該都能算是拉麵。不過，當然也有「不加湯」的拉麵，甚至有時候「不加麵」也可以。

所以我認為**只要料理的人聲稱「這是拉麵」，那麼它就是拉麵。**

煮拉麵需要準備的食材

拉麵烹煮的超高自由度，讓它成為極具魅力的一種食物。不過這邊我們先以龍拉麵為例來說明，到底要怎麼做，才能在店內提供一碗拉麵給客人呢？

準備必要的食材、熬湯頭、煮麵條等等，我想大致上的流程，讀者應該都想像得到。首先第一步，就是用小魚乾、鯖節[2]和雞爪等食材來熬湯頭。配料有豬五花、雞胸肉、蛋和海苔等等。搭配的醬油醬汁則會加入豬油、雞油和魚粉等食材調製。最後就是麵條了。這些大概就是煮一碗拉麵所需的食材。

「好，來做拉麵吧！」……想是這麼想，但是只有食材還沒辦法煮拉麵，因為我們還需要烹調用的器具。拉麵店通常使用高湯鍋來熬製湯頭。

在龍拉麵，我們每天都會熬三種湯頭。每次熬煮大約可以為任一種湯頭準備好二十公升左右的高湯，不同尺寸的高湯鍋價格也不同。便宜的要幾千日圓，較貴的則需花費數萬日圓。

現在，我們終於可以開始煮拉麵了嗎？其實還不行。因為還有一些必要的工具沒準備好。

2 將鯖魚肉煮熟後煙燻乾燥而成。以鰹魚製作的鰹節，即為柴魚。

我們需要一台瓦斯爐點火，以及一台冰箱來冷藏食材。此外也需準備長柄湯勺、筷子等調理器具，還有上菜用的餐具等等。為了處理配料和湯頭，我還額外購入了舒肥機和攪拌機。

租用店面需支付房租

即使準備好上述所有食材，拉麵店還是無法開始營業。因為最重要的店鋪還沒有著落。龍拉麵租用的是公共設施的一個角落，所以不需要支付押金和保證金。如果你租的是一般店面，就需要事先支付幾個月份的租金作為押金或保證金。另外，向保健所申請營業許可[3]也要花一筆錢。

根據店面座落的地點，可能也需額外租用停車場。八戶市是以開車移動為主的地區，因此店面如果沒有停車場，很難吸引顧客上門。龍拉麵除了客用停車場以外，也為員工額外租用停車場。

還有，因為要跟客人收錢，店裡也必須準備收銀台或餐券機。

除此之外，熬煮湯頭後撈出的骨頭渣和廚餘不能以家庭垃圾來處理，因此必須額外支付費用請人代為回收。

保險也是不可或缺的一環。除了保障因火災造成損失的火險之外，為了可能發生的突發事件（如食物中毒事件），也不能不投保產品責任險。因為若不事先投保，萬一不幸發生什麼狀況，你的人生將因此遭受重大打擊。

只要不是一人店面，就會產生人事成本

這麼一來，所有煮拉麵所需的食材和物品都已經買齊了。是時候開店了……嗎？其實還不行。

當然你可以自己負責接客、準備和清理，但是一個人獨自完成所有工作，真的非常辛苦。如果店裡的座位數大於十個，很可能完全應付不過來。

這個時候，就必須雇用員工。雇用員工不僅要支付薪水，還要支付勞動保險費[4]。龍拉麵每天都需額外雇用三名員工，因此也需使用管理排班表的付費軟體。

光是開一家店賣拉麵，就要事先做好上述這麼多準備。**只是備齊食材是無法開店**

3 向轄區保健所申請營業許可，是日本餐飲業開業前的必要手續。

4 日本的「勞動保險」包含職災保險及雇用保險（失業保險）。

營業的。所以開一家店若無法回收所有墊付的成本，等到資金耗盡，店就經營不下去了。不光是拉麵店，只要有創業經營生意的打算，都必須制定周全的計畫，並付諸實行。而「會計」就是達成目的不可或缺的必備知識。

04 會計的功能是什麼？

——恐怖的「丼勘定」

我出生於1979年，在青森縣八戶市長大。1988年4月，我搬到東京就讀大學。當時還沒有智慧型手機，主要獲取資訊的管道以電視和雜誌為主。

不知不覺收到一筆高額帳單

到高中畢業之前，我只離開過東北兩次，都是為了旅行。我一直以為「關東地區是一個範圍延伸到群馬和栃木、遍地都是建築物的大都會」。我還記得第一次看到

STUDIO ALTA時，我甚至興奮到跑向附近的公共電話亭打電話給朋友。

對生活在鄉下的年輕人來說，突然出現的網際網路，就像一道彗星。

我在八戶市的家中沒有個人電腦，第一次接觸網際網路，是在大學的課堂上。網際網路彷彿是個魔法工具，讓我可以無限獲取想要的資訊。完全沉迷於其中的我，為了在家也可以搜尋資訊，甚至買了一台電腦放在住處。

當時是撥接上網，會依照連線時間來收取電話費。當時的我嚴重沉迷網路，沉迷到即使超擔心電話費，還是看卡卡的動畫看得津津有味。

結果，一個月後我收到了一張5萬圓的電話費帳單。這個金額對當時只是窮學生的我來說，已經是一筆大錢了。我每天吃著沒有料的咖哩，翹課跑去做領日薪的臨時工，過著日復一日的生活。

「丼勘定」為什麼行不通？

對當時的我來說，問題到底出在哪？**問題出在我一直在沒有管理的狀況下，使用隨用隨付的工具**。

事實上，這種情況在商業買賣中也很常見。

各位應該有聽過「**丼勘定**[5]」這個詞彙吧。這個詞彙的起源有好幾種說法，據說是源自於職人把收到的錢放進作業圍裙前的口袋、付錢時也直接從口袋拿錢的樣子，因此引申為收支管理很隨興的意思。

常見的情況是庫存管理不確實。例如，在製造業的工廠，如果不比較採購食材和剩餘食材的數量，就不知道花費了多少食材，也就無法得知製造商品需要花多少錢。

如果從事零售業，例如經營酒類專賣店，則需要定期計算採購商品和庫存商品的數量，以確定減少的庫存數量是否與銷售數量一致。如果銷量與減少的數量不符，就代表商品可能因為某種負面因素而導致遺失，如店裡遭小偷等等。

此外，如果不記錄每日的收入和支出，便無從得知手上的錢增加和減少的確切理由。即使是每天吃的三餐，能一口氣回想起一週前三餐菜色的人應該很少吧？一樣的道理，**我們通常也很難正確記得一筆錢是何時、因為什麼原因而花掉的**。

會計很麻煩嗎？

自古以來，世界各地的經商人士皆苦於如何記錄資金流入流出。

因應這樣的需求，「**複式簿記**」應運而生。複式簿記的起源眾說紛紜，有一派假說認為，該系統起源於中世紀的義大利或古羅馬。

簡單來說，複式簿記是一種記錄資金流入流出和交易明細並加以匯總，以便事後查閱的技術。這是人類的一項發明，至少從六百年前義大利保存的記錄開始，人類便一直使用這項技術至今，而且架構並沒有太大的變化。**包含複式簿記在內，這種與商業買賣相關的所有交易記錄，便統稱為「會計」**。

雖然「會計」是一個概括的名詞，仍可分為幾個種類，但在這邊我們不需要鑽牛角尖，只要知道「學會計對做生意有幫助」就可以了。

怎麼這麼麻煩……，或許各位讀者會這麼想。因為無論如何，法律和稅金這些用詞，一看就覺得很難理解對嗎？資產負債表、先進先出法、移動平均法……。如果我還是大學生，光是看到這些專有名詞都要驚慌起來了。

5 丼（どんぶり）除了裝飯的大碗外，還有一個意思是職人作業圍裙腹部前面的小口袋。

請各位放心。個人和小規模企業使用到的會計非常簡單。具體來說，只會使用到加法、減法、乘法和除法。任何人都可以在一天之內掌握基礎知識，並完全足以運用於實務當中。此外，**若能掌握會計的概念，就能馬上擺脫「丼勘定」的惡夢**。

不懂會計就創業的恐怖故事

現在，讓我們從以下這個具體的案例，來思考會計為何對你的生意有幫助。

假設有一家店叫做「丼飯拉麵」。

經營這家店的老闆是丼振先生，他的座右銘是「與其浪費時間管理業務，不如追求理想的美味」。

丼振先生的店從午餐時段營業到深夜。丼飯拉麵的新品「和牛牡蠣拉麵」以牡蠣為湯底，搭配大塊的和牛叉燒，推出後非常受客人歡迎。

店裡的員工每天為了應付排隊人潮，完全沒有時間做營收管理，也沒有時間整理收據。儘管留有銷售記錄，但因為一直拿取收銀台的現金來支出，所以現金常常核對不起來。在生意特別好的日子裡，拉麵店打烊後，老闆往往從收銀台抓了一把錢後就離店了。

事實上，有一定比例的店鋪，是以這樣的方式經營。

對丼飯拉麵來說，他們的「利潤」有多少？在這樣的管理方式下，我們不可能計算出這家店正確的利潤數字。隨著時間一天天過去，收據可能會不見，老闆也漸漸想不起來到底從收銀台拿了多少錢。**比較現有和上個月的資金餘額，成為判斷是否獲利的唯一線索**。

儘管店裡每天都大排長龍，但每個月的資金卻幾乎沒有增加。到底為什麼……？丼振先生正為了這個苦惱著。

事實上，新品的成本率正在提高，這對經營造成了壓力。再加上每次一到丼振先生的休息時間，負責店鋪的員工就會偷偷從收銀台拿一點錢。而類似的恐怖故事，卻經常在餐飲店實際上演。

「認真」處理會計的好處

接下來，我再舉另一家店做說明。

這家店叫做「認真拉麵」。認真拉麵的老闆是鹿理先生，他的管理方針是「認真處理會計並做資金管理，才有辦法長久經營」。

假如這家店也一樣開始供應新品，會發生什麼事？牡蠣和和牛是新品使用的食材，每次跟供應商進貨時，都會一一記錄在會計軟體中。同時，店裡每天記錄營收，因此收銀台的現金也從來沒有產生誤差。

到了今天這個時代，使用記帳軟體來處理會計已是常態，因此只要每天確實記錄，就能用數據資料來管理店鋪的所有數字。

當老闆查看進貨的數據資料時，就會發現牡蠣和和牛的價格比想像中貴上許多。他試著算了一下，發現成本率已經超過40%，新品已經對店鋪的整體經營造成了壓力。

以拉麵店來說，由於水費、瓦斯費和店鋪租金等成本相當高，因此一般來說，拉麵的成本率最好控制在30%左右。

老闆立刻採取可以降低成本率的措施。他把叉燒稍微切小塊一點，並在採購牡蠣時改為選擇等級較低的品種。雖然顧客的滿意度因此下滑，但為了持續穩定經營這家店，這是不得不做的改變。當然，這家店沒有員工偷拿錢的問題，因此這個月也一定能獲取預期的利潤。

透過會計，找到問題的「原因」

這兩家店最大的差別在於**「處理問題所需的時間」**。

丼飯拉麵不清楚為什麼店內的資金會愈來愈少，處理問題的起點是丼振先生開始煩惱「為什麼店裡都沒有剩錢」的這個時間點。在發現問題的原因之前，情況已經開始每下愈況。當情況變得愈來愈窘迫，可能導致管理者採取錯誤的對策，例如重新制定原有的菜單等。

另一方面，認真拉麵每天都會查看營收和費用的數據資料，因此在問題發生的當下就察覺到了。因為很清楚造成問題的原因為何，也很容易針對原因採取適當的對策。

這就是「會計」的力量。這本書若能幫助各位讀者學習會計的基礎知識，並運用在自己經營的店鋪之中，我就非常開心了。

05 簡單的「賺錢」機制

——為什麼類似的拉麵店如雨後春筍般一直開？

到目前為止，我還沒有揭曉「真的有簡單好賺的生意嗎？」這個問題的答案。其實我是故意的。因為我想讓各位讀者先理解到會計的重要性。

總結來說，沒有什麼簡單好賺的生意。因為賺錢與否，很大程度取決於開店的時期、地點和管理者的資質。

當然，根據時代趨勢，某些事業更容易成功，也有另一些更容易失敗。是否能找到符合時代趨勢的事業，很大程度上取決於運氣。

在過去二十年內，市場不斷推出各式各樣的新創產品，其中有風靡全球的智慧型手機，但也有黯然停產的賽格威（Segway）電動滑板車。

所有產業都在不斷變化

隨著科技的進步和世界局勢的改變，產業也可能面臨巨大的變化。

舉例來說，在大正時代的日本，男性穿著西裝的觀念開始普及到一般大眾，也因此許多人紛紛創業當西裝裁縫師。透過職人的巧手，為每個人量身打造合身西裝，每一套西裝都是精心訂製。

然而，隨著第二次世界大戰結束，日本經濟進入高速成長期，整個社會也產生巨大的轉變。各行各業開始機械化，日本進入了標準化的大規模生產時代，成衣西裝也開始大量出現在各大百貨量販店。個人經營的西裝店在價格競爭當中敗下陣來，走向一家一家倒閉的命運。

隨著時代變化，成衣西裝成為常態，訂製西裝搖身一變成了西裝愛好者的奢侈品。對這個時代來說，自己開一家獨立的裁縫店已經不再普遍。

對擁有士業執照的我來說，士業的工作也正在面臨全新的挑戰。

只要閱讀「將被AI人工智慧取代的工作」這類標題的文章，就會發現內容大多將「報稅」也涵蓋其中。稅理士的工作是我本業的其中一項業務，如果失去這項工作，說實話我一定會感到十分為難。當然，預測不一定會成真，但我們依然很有可能會迎來那樣的未來。

隨著時代變遷，人們的喜好和周遭環境也隨之改變。綜觀這二十年來的拉麵口味趨勢，魚介搭配動物熬煮的雙湯頭、超大份量的二郎系拉麵、濃厚魚介沾麵、雞白湯等口味帶來一波波熱潮，並且不斷推陳出新。每次出現新的排隊名店，過去的排隊名店也正在一家接著一家倒閉。

例如珍珠奶茶曾在日本引發一波熱潮，我至今都還記憶猶新，但這股熱潮瞬間就消退了。再往前追溯，白鯛魚燒也發生過同樣的狀況。

達爾文曾說「**最終能生存下來的，不是最強的物種，而是最能適應改變的物種**」。這個邏輯當然也適用於商業買賣的世界。因此，賺錢最簡單的法則，就是靈活應對環境的各種變化。

是什麼導致變化發生

一直以來賺錢的生意，有一天突然賺不到錢了。這種狀況在各行各業都可能發生，而餐飲業正是一個淺顯易懂的例子。

各位可能都聽說過「藍海」和「紅海」這兩個詞彙。所謂藍海，指的是沒有競爭對手的領域，顧名思義，就是個如同「藍海一般安穩且平靜」的市場。相對於藍海，紅海則是指競爭者相當密集、競爭非常激烈的領域，這裡的市場就像一片「血洗的赤紅海洋」。

下面以近年來非常受歡迎的超大份量二郎系拉麵為例。

大森先生（28歲，前橄欖球社社員，體重80公斤）住在東北地方，有一次他到東京出差時，碰巧吃到一家二郎系拉麵令他深受感動，留下深刻的印象。大森先生的住家附近沒有類似的拉麵店，因此他只有在出差時才能吃到這份美味。

當他煩惱著該怎麼樣才能隨時吃到那麼好吃的拉麵時，他在網路上找到了食譜。大森先生想「不然我自己做做看吧」，於是他上網到專賣店網購麵條，開始試著烹煮自己的拉麵。他每週都自己煮拉麵，慢慢地，他對味道也變得愈來愈挑剔。三個月後，他終於煮出一碗能夠滿足自己味蕾的二郎系拉麵。

大森先生的住處周邊雖然可以從電視和網路上的口耳相傳，得知「有一種叫做二郎系的拉麵」，但對於不常離開本地的人來說，仍然是一個夢幻般難以觸及的存在。於是，自信滿滿的大森先生開始產生這樣的想法：「我想向當地人介紹美味的二郎系拉麵」。因此他決定辭去工作，開一家超大份量的二郎系拉麵店，店名是「大森的大

三人的二郎系拉麵店的營收是多少？

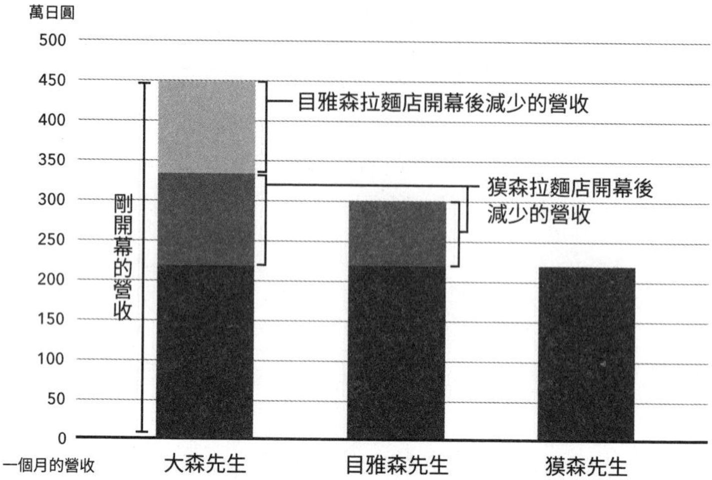

盛[6]「拉麵」。他以學生為目標客群，將店址選在大學附近。由於附近沒有類似的拉麵店，他的策略空前成功。因為特別受到飢腸轆轆的運動社團的青睞，大森的大盛拉麵立刻成為生意興隆的排隊名店，每天都吸引大量的排隊人潮。

客單價900日圓的拉麵，每天賣出200碗，一天的營收是18萬日圓，若每個月營業25天，那麼一個月的營收就是450萬日圓。這家店的成本率約40%，因此即便扣除人事費和房租，每個月仍有大約120萬日圓的盈餘。

三個月後，有個人在遠處觀察著大森先生店門口的排隊人潮。這個人名叫目雅森（30歲，前摔角社社員，體重100公斤），他從以前就在考慮開一家自己的拉麵店。

在目睹了「大森的大盛拉麵」生意有多好之後，目雅森相信「未來二郎系拉麵一定會愈來愈受歡迎」，因而下定決心離職，走上自己獨立開店之路。做出這個決定的三個月之後，目雅森在距離「大森的大盛拉麵」稍遠一點的區域，開了一家非常類似的二郎系拉麵店「目雅森的超大盛拉麵[7]」。

因為使用品牌豬肉製作叉燒，供應嚴選的美味豬肉，因此這家店也開始大排長龍，甚至成為一天賣出１３０碗拉麵的熱門拉麵店。目雅森的超大盛拉麵每月營收約３００萬日圓，盈餘約80萬日圓。而大森先生的店受到新店開幕的影響，排隊人潮似乎不若以往熱鬧了。

又過了三個月，經營居酒屋的獏森先生（32歲，前相撲社社員，體重１２０公斤）造訪了目雅森的拉麵店。雖然獏森先生對經營拉麵店沒有興趣，但光是看到這家店大排長龍的盛況，他就覺得「二郎系應該很好賺」。獏森先生立刻讓居酒屋的工作人員試煮拉麵，他們也成功地煮出類似口味的拉麵。

6 大盛是日文大份的意思，大森跟大盛兩者是諧音。

7 目雅森跟メガ盛是諧音，メガ盛是日文超大份的意思，取名邏輯跟剛剛的大森一樣。

就在獏森先生決定開一家拉麵店之後三個月，「獏森的爆盛拉麵[8]」在距離另外兩人的拉麵店稍遠的地點開幕了。獏森的爆盛拉麵引進了製麵機，開始提供另外兩家店沒有的自製麵條，店鋪評價也因此水漲船高。獏森先生每天都能賣出100碗拉麵，每月營收約220萬日圓，利潤約有25萬日圓。而大森先生和目雅森先生的拉麵店的排隊人潮又變得更少了。

開幕兩年後，再也沒有人為了吃一碗大森先生的拉麵而在店門口排隊了，這樣的現實終於迫使他做出停業的決定。

餐飲店很快會被模仿！

從上一節的例子當中，可以發現原本身處藍海的二郎系拉麵市場，才不過幾個月時間，就迅速變成競爭者林立的紅海市場。為什麼會這樣？

其中一個原因是，**餐飲業要開店實在太容易了**。只要遵守以下兩個流程，❶雇用負責食品衛生的管理人員，和❷取得餐飲業開店的營業許可，小規模的餐飲店立刻就能開業。除了料理以外的準備時間，差不多一個月就能準備充足。

類似的店會如雨後春筍般冒出，直到肉眼可見的排隊人潮逐漸消退為止。除非該店鋪的料理難以模仿，例如提供的菜單是來自異國的特色料理，否則不管在哪裡開店，恐怕都會發生類似的狀況。

順帶一提，龍拉麵開業後，一年內附近就開了兩家拉麵店。❶一家是專賣小魚乾等乾貨的公司開的出汁拉麵店，❷另一家則是和食專門店，他們推出了每日更換特餐的魚介拉麵。這些店家並不是因為龍拉麵很成功才進來這個市場，而是剛好時機恰巧而已。一個看似利潤豐厚的市場，當然會吸引許多業者加入。

後進者在進入市場之前，都會為了超越先行者而絞盡腦汁。而且他們往往手握資金，在設備和人力方面也更具優勢。為了在競爭激烈的業界中不斷取勝，除了建立強大的品牌價值，還要維持後進者無法模仿的高品質，才能讓自己的品牌立於不敗之地。

為此，我們一定要「**每天分析數據，靈活應對各種狀況**。」我們需要將銷售下滑、成本上升等不利情況化為數據，並在具體看見問題後，持續做出適當的調整。

最終，這些**取得數據的過程，將會成為我們的日常會計流程**。

8 爆盛就是爆炸多的意思，也一樣跟獏森是諧音。

06 會計不需要太複雜的知識
——只要懂小學程度的算數即可

我的父母相識於大學數學系。父親是一位國中數學老師，母親則在家經營數學補習班。我家客廳的書架上永遠擺滿一堆看起來很難懂的數學理論書籍。儘管如此，我其實從來沒看過有人去翻那些書。在這種環境下成長的我，當然對數學產生了相當大的熱情……才怪。

我和父母的感情很好，也沒有明顯的叛逆期。即便如此，當我升上國中後，或許是因為有點想否定父母的存在吧，數學成了我最提不起勁的科目。

升上高中後，這個情況變得更嚴重。在我就讀的高中，部分男生群體很流行一些奇怪的價值觀，例如「就算下雪也不穿外套」和「不寫作業很酷」等等。就這樣不知不覺地，數學課對我來說完全是鴨子聽雷，我甚至曾經在滿分兩百分的考試中只考了6分。

後來，我在大學入學考試前臨時抱佛腳，好不容易考上經濟系，卻又一頭栽入格鬥技和麻將的世界，結果幾乎沒怎麼讀書就畢業了。當初真的應該要好好念書的，我一直對此感到很後悔。

不需要具備數學知識

多數人可能跟過去的我一樣，覺得自己不擅長數學。方程式、聯立方程式、線性函數……，這些都是國中數學的範圍。還有虛數、向量、正弦・餘弦・正切……。列到這裡，不知道有沒有人已經開始冒冷汗，甚至覺得很恐慌？

請放心，會計完全不需要使用這些知識，**只會用到加減乘除。我們只要擁有小學程度的數學知識就可以開始了。**

我覺得，會計似乎經常被誤解為一項困難的學科，可能是因為人們認定會計術語令人感到遙不可及。若要深入鑽研會計這門學問，當然非常困難，但我們只是要把會計運用在小規模的商業買賣和日常生活當中，那就一點也不困難。這時，**只要把會計理解為「記錄金錢的支出狀況，並分析該數據的一項手續」即可。**

某家拉麵店的收支明細

1 個月的營收	100 萬日圓 （來客數 1000 人 × 每人花費 1000 日圓）
採購金額	30 萬日圓
人事費	15 萬日圓
房租和水電瓦斯費	20 萬日圓
手邊剩下的餘額	35 萬日圓

兩種「會計」

請容我稍微談談這個有點艱澀的話題。

一般來說，會計雖是一個統稱的概念，但實際上可以分為「**財務會計**」和「**管理會計**」。

所謂的財務會計，是指向企業外部的利益相關者（如債權人、稅務機關等）報告財務狀況的一種會計形式。以獨資經營為例，納稅申報就屬於財務會計的範疇。

而管理會計則是企業內部為了營運決策或評估績效等需求，而計算並分析出來的內部資料。本書主要探討的，就屬於管理會計的範疇。

財務會計通常用於產出供外部參考的報表，如計算稅金等，因此必須遵循一般公認會計原則。

拉麵店的固定成本和變動成本

變動成本 ← **這是哪一邊的費用？** → **固定成本**

變動成本
- 麵條（進貨麵條為採購價格，自製麵條則為材料費用，如麵粉等）
- 湯底（豬骨、雞骨、柴魚、小魚乾）
- 配料（豬肉、雞蛋、海苔）等

哪一邊都可以
- 水電瓦斯費
- 消耗品（清潔劑、衛生紙等）

根據店鋪狀況判斷，歸類到哪一邊都ＯＫ

固定成本
- 店租
- 人事費
- 停車場租用費
- 廣告看板等

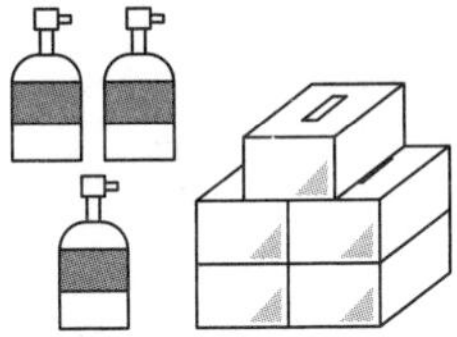

另一方面，管理會計處理的資訊僅供內部使用，主要目的是協助管理階層的經營與決策。因此除了基本概念之外，可以根據需求進行調整，使其更加便於內部運用。

接下來讓我們以拉麵店為例，一起學習管理會計的基本概念。根據拉麵店的狀況，來分析看看成本率和營收需要達到多少，才能不虧損。

假設這家店每個月營業25天，一個月的營收為１００萬日圓。來客數共１０００人，客單價為１０００日圓。另一方面，這家店每個月總共要花30萬日圓採購必要食材，人事費用則為15萬日圓，最後還需支出房租和水電瓦斯費20萬日圓。加加減減下來，最後手邊的餘額只剩35萬日圓。

據說餐飲店要能穩定經營，食材的成本率必須控制在30%以下。我們可以用以下這個公式，計算出合理的成本率。

成本率[9]＝採購食材的費用÷營收

就這樣而已。很簡單吧！以剛剛提到的這家拉麵店來說，透過公式來計算，可以得出這家店的成本率為「30萬日圓÷100萬日圓」，剛好符合標準的30%。

「固定成本」和「變動成本」

在管理會計當中，最重要的是將成本分類為按營業收入增減的**「變動成本」**，以及無論營收多寡都得固定支出的**「固定成本」**。**以拉麵店來說，變動成本通常包含麵條和肉類等食材的費用，而固定成本則包含店租和人事費用**。

想像一下，假設還沒到打烊的時間，麵就賣光了，你面臨不得不追加更多拉麵的窘境。事實上，因為熬湯頭需要時間，所以遇到這個狀況通常我們只能打烊，但為了計算成本，我們假設湯頭也可以馬上熬好。

熬湯頭需要豬骨和雞骨，這會額外增加購買食材的費用。除此之外，也必須準備麵條和作為配料的雞蛋。上述提到的這些費用，就是典型的變動成本。

不過，無論追加製作幾碗拉麵，店租都不會因此增加。除非店家和房東之間簽有特殊協議，否則如果房東要求「如果這個月拉麵賣很好，你就得多付兩倍租金」，所有人都會馬上掉頭就走。這樣的事情基本上不會發生。

此外，假設工作人員的工時固定，薪資自然也會維持在固定的金額。這些費用就是所謂的固定成本。

因為希望大家先有一個基本概念，所以這邊舉的例子很簡單。在後續的章節，我會再做更詳細的解說。

「邊際利潤」和「損益平衡點」

銷售所得扣除變動成本後的餘額，在會計學上稱為「**邊際利潤**」。由於變動成本會隨著銷售所得等比例增加，因此正如字面上所示，邊際利潤反映的是企業能賺取

9 Cost Ratio，成本占比。本書指的成本率都是變動成本率，也就是購買食材的成本占營收的比例。

的最大限度的利潤。增加產品的銷量意味著消耗更多食材，因此勢必得花費更多變動成本。另一方面，房租等固定成本則維持不變。

隨著營收成長，邊際利潤也會逐步提升。剛剛我們試算的那家拉麵店，成本率為30%。假設這家店只賣一種拉麵，那麼每賣出一碗1000日圓拉麵，賺得的邊際利潤為700日圓。

煮愈多碗拉麵，水電瓦斯費也會跟著增加，但這類費用的增加幅度並不像食材費那麼高，所以在此歸類為固定成本。加總起來，每個月固定成本即為35萬日圓。

之前我曾經說明，所謂「賺錢」指的是無論在過程當中支出或收入多少錢，最終手頭上還有的盈餘。那要怎麼做，才能確保盈餘？為了簡化說明，我們先假設一個沒有債務、也不用支付生活費的狀況。

所謂的固定成本，指的是即便營收為零，也仍然必須支付的費用。

反過來說，如果邊際利潤足以完全負擔固定成本，就會產生盈餘。當邊際利潤等於固定成本，也就是沒有利潤也沒有虧損的起點（淨利為零），就稱為「**損益平衡點**」。

舉例來說，假設拉麵店每個月的固定成本為35萬日圓，邊際利潤為每碗拉麵700日圓，那麼**到底要賣出幾碗拉麵，才夠支付固定成本呢？**只要利用「**固定成本÷邊際利潤**」這個公式就能計算出來。以這家店的狀況來說，35萬日圓除以

邊際利潤與損益平衡點、損益平衡點營業額

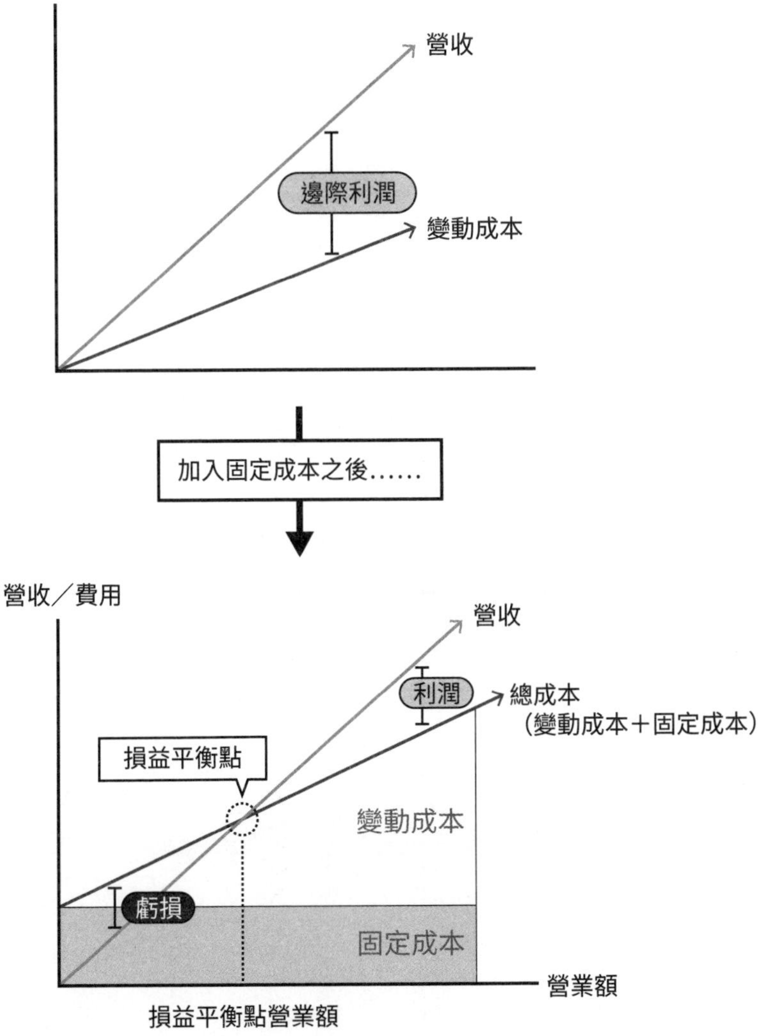

700日圓，即可算出500碗拉麵這個數字。

也就是說，如果這家拉麵店一個月賣出500碗以上的拉麵，就能打平支出。實際計算公式如下：

35萬日圓÷700日圓＝500碗拉麵

這個概念應該也不難理解。此時的營業收入以每碗1000日圓乘以500碗拉麵計算，可得出50萬日圓。這就是所謂的「**損益平衡點營業額**」。粗略來說，只要把這個數字理解為「**不賺不賠的營業額**」就可以了。

接下來，我們只要把這個數字平均分攤到每個月的工作日當中，就可以計算出**每天必須達成的損益平衡點營業額**。假設每個月營業25天，計算公式為「50萬日圓÷25天」，也就是每天2萬日圓。而接待一位客人的客單價是1000日圓，因此這家拉麵店每天至少需要吸引20名顧客。

這是這家店可以維持營業的最低底限，每天只要能賣出20碗拉麵，最起碼就不會虧本。

怎麼樣？是不是一點也不困難？只要學會這些基本知識，就算打好基礎了。

07

經營需要計畫

——即便偶爾不按牌理出牌也會帶來樂趣

我是一個不喜歡計畫、走一步算一步的人。當年，24歲的我決定在大學畢業旅行（因為留級兩年）時去印度。受到澤木耕太郎著作《深夜特急》影響，這是我第一次的海外旅行。

我準備的行囊中，有換洗衣物、一張往返機票，以及一本旅遊指南——就這樣。我把它們塞進背包，踏上飛往新德里的旅程。

那時還沒有智慧型手機，只能依靠帶在身上的那本旅遊指南。一走出機場出口，我就聽到從柵欄後方傳來許多印度人大吼大叫的聲音。他們扯著喉嚨不斷吼叫：「快，上我的車！」，彷彿有入場限制一般。我想起曾經在旅遊書上看到的警語：「除了機場安排的計程車以外，千萬不要隨便搭乘計程車，以免上了無良旅行社的當」。

在機場裡徘徊了快兩小時，我四處打聽，不斷向工作人員詢問，終於成功叫到了一輛正規的計程車。由於無良旅行社實在太「盛情」難卻，跟我搭同一班飛機的好幾個

日本人就這樣被帶走了。

在接下來的一個月裡，我隨心所欲地遊歷了印度和尼泊爾。現在回想起來，也曾有過一些可怕的遭遇。例如我曾經被毒癮者抓去搭在斷崖殘壁上狂奔的公車，也曾經在深山中被蒙面的反政府勢力武裝部隊拿機關槍頂著。即便如此，那種隨心所欲、想到什麼就去做的感覺有多麼快樂，我一直銘記在心。

直到二十年後的今天，我仍然喜歡這種走一步算一步的感覺。可是如果你只是因為一時興起，就在沒有計畫的狀況下一頭栽入經營管理這個領域，那麼通常會迎來全盤皆輸的結果。

常言道「**數據是經營的指南針**」。指南針是一種用來指示方向的工具，大航海時代曾廣泛運用。若在前路茫茫的狀態下啟航，最後將不知抵達何處。而在缺乏計畫的狀況下投入經營，就像在沒有指南針的大海中航行，終將失去方向。

無計畫是一張通往倒閉的單程車票

沒有計畫就推出新菜色，會發生什麼事？讓我們回顧曾在第38頁提到的丼飯拉麵，那家店由全憑直覺決策的店主丼振先生經營。丼飯拉麵推出新菜色「本鮪地雞拉麵」，湯底使用大量土雞與黑鮪魚熬製，配料則是以土雞腿肉製作的大塊叉燒。濃郁的雞白湯搭配鮪魚的風味，創造出優雅而具深度的口感。毫無疑問，這碗新推出的拉麵一定會大受歡迎。

然而，因為使用了大量高級食材，這碗拉麵勢必無法以一般的價格販賣，因此丼振先生盤算：「賣兩倍價應該也沒差吧」，決定以每碗1500日圓推出這道新菜色。儘管價格高昂，本鮪地雞拉麵仍在開幕當天就引起轟動，排隊人潮也絡繹不絕。

但是一個月後，丼飯拉麵的存款餘額卻大幅縮水。「明明每天都那麼多人排隊，為什麼會這樣……」，丼振先生抱著頭，陷入苦惱。

為什麼會變成這樣？事實上，土雞腿肉這項食材依據品牌差異，價格可能比無品牌的國產雞肉高出十倍以上。假設一碗拉麵的叉燒份量是100公克，即使只選用品質尚可的雞肉製作，成本仍然高達450日圓。光是叉燒這一項就占了售價1500日圓的30%，那整體的成本率一定不可能低於50%。

成本率超過30%的拉麵店將陷入經營困難

拉麵店若要穩定經營，成本率最好控制在30%以下。如果是一家排隊名店，即使成本率超過30%，或許仍有機會繼續經營下去。只是排隊人潮愈多，通常也得支付更多的人事成本來維持。所以若要經營一家成本率超過50%的店，就需要更高明的經營手腕，來確保店鋪可以持續經營。

幾年前，從「俺的法國菜」開始，「俺的○○」系列餐廳陸續開幕，引起相當大的迴響。該集團旗下店鋪的共通點是高成本率的菜單設計，尤其是「俺的法國菜」。據說該店鋪的成本率高達60%。

我也曾經吃過幾次。長長的排隊人龍和狹窄的座位，都有別於其他法國餐廳。而菜單選用高級食材，卻仍維持合理的價格，都讓我留下深刻印象。店內的餐點非常美味，給人一種CP值相當高的感覺。

如果我們模仿「俺的法國菜」的經營模式，在青森縣開一家成本率為60%的餐廳，結果會如何呢？我想，這家餐廳恐怕會在很短的時間內倒閉。因為這種經營模式之所以能成立，**完全仰賴排隊帶來的高翻桌率。若無法維持翻桌率，店鋪就很難持續經營下去。**

剩餘利潤的差異取決於成本率

讓我們以前面的拉麵店為例（參考第52頁的圖表）。每個月的來客數是1000人，客單價為1000日圓，每月營收為100萬日圓，人事費需支付15萬日圓，另有20萬日圓的店租和水電瓦斯費。在上述狀況下，假設成本率為30%，則：

100萬日圓－100萬日圓×0.3（成本率）－15萬日圓－20萬日圓＝35萬日圓

根據計算結果，剩餘的利潤是35萬日圓。

另一方面，假設成本率為60%，則剩餘的利潤計算如下。

100萬日圓－100萬日圓×0.6（成本率）－15萬日圓－20萬日圓＝5萬日圓

營收減去變動成本計算出的每人邊際利潤，成本率30%的狀況下為700日圓，成本率為60%的狀況下則為400日圓。若每月來客數為1000人，則每月利潤的差額將是30萬日圓。也就是說，只要增加30萬日圓的邊際利潤，就能保持相同的利潤水準。此時的計算公式為：

30萬日圓÷400日圓＝750人

由上述計算結果得知，若能將來客數由1000人增加到1750人，即便成本率高達60%，仍能確保35萬日圓的利潤。計算結果如下：

1000日圓×1750人＝175萬日圓

175萬日圓－175萬日圓×0.6－15萬日圓－20萬日圓＝35萬日圓

以營業日來分攤目標來客數

接下來，我們用每個月營業25天來算算看每天的來客數。假設每個月的來客數是1000人，則每天的來客數為1000÷25＝40人。就拉麵的經驗來說，這個數字非常接近實際數字。

只要提高成本率，就需增加來客數

成本率60%時，
1000日圓商品的邊際利潤

30萬日圓÷400日圓＝750人

成本率30%和60%的
每月利潤差異

增加30萬日圓的
邊際利潤之所需人數

另一方面，當每個月需有1750位客人光臨，那麼每天的來客數就不能低於1750÷25＝70位客人。如果這家店只在上午11點到下午2點的午餐時段營業（營業時間3小時），一個小時至少要有20位顧客來店才能達標。當然，根據店鋪的規模和營業時間，這個數字也會有所變動，不過無論如何，這都是一個相當嚴峻的目標。

基本上排隊很難持續太久

八戶市目前約有二十二萬人口，加上半徑十公里以內的周邊區域，總人口大約三十萬人左右。這種規模的地方城市，基本上很難出現排隊等候的狀況。無論食物多美味、CP值多高，外食選擇同一家餐廳的頻率，可能頂多每週一次吧。

我住在東京近郊時，常常去一些受歡迎的拉麵店外食。其中有一家「拉麵二郎 野猿街道店」就開在我讀的大學附近，是附近大學生的人氣愛店。不管我什麼時候去都要排隊，大概都要等三十分鐘到一個小時左右。**開在首都商圈的熱門拉麵店，排隊等候是稀鬆平常的事。**

我回到家鄉八戶之後，也經常去當地頗受歡迎的拉麵店。只要是評價良好的餐廳，每一家都是好吃又便宜，交通也很方便。即便如此，除了推出限定菜單時的特殊狀況外，幾乎看不太到排隊人潮。

這裡與首都的差別，單純只是商圈的人口數量。餐廳的水準與首都相比，並沒有明顯遜色。

因此，在這樣的先天環境下，**想要開一家商業模式為高成本率的餐廳，靠排隊人潮達成高翻桌率，基本上是行不通的**。事實上，只要觀察「俺的」系列餐廳，就會發現他們大多數的店鋪都開在東京市中心。

你的商品要賣給誰、賣什麼、如何賣、賣多少錢？你的目標是否切合實際？為了避免短期倒閉導致財務重傷，詳細的經營計畫和模擬可謂至關重要。

08 對拉麵店來說，「起步」是最重要的關鍵

——勝負在開幕時便大致底定

我小時候最喜歡的漫畫是《金肉人》和《北斗神拳》。當我模模糊糊地想著以後要成為一個溫柔又強壯的男人時，正好碰上格鬥熱潮。二十歲的我立刻就報名了附近的道場。

當時，PRIDE格鬥錦標賽風靡全日本，來自巴西的「格雷西柔術」與日本的頂尖選手們展開了一場場激烈對決。格雷西柔術起源於移民至巴西的日本柔道家前田光世所傳承之技術，後來主要由格雷西家族發揚光大。巴西柔術的技巧在於大量運用鎖住手臂的關節技，以及勒住對手使其昏迷的絞技之類的寢技。格雷西家族身懷祕傳的格鬥技，先後擊敗美國的運動競技員和日本的職業摔角手，在全世界引發了一波熱潮。

當時，道場相當流行鑽研寢技。那是個沒有智慧型手機、Youtube也不普及的時代。我跟夥伴們每天翻看數量稀少的技術書籍和影片，過著一邊討論琢磨、一邊互相演練招式的日子。

我記得當時老師曾經對我們說：「你們就像在高速公路上奔馳，真令人羨慕。」這句話讓我印象深刻，直到現在還記得。老師說在他尚未退役前，他們連書籍和影片都沒得參考，只能靠自己一招一招創造招式，透過練習慢慢摸索成長。

資訊傳遞的速度變得愈來愈快

從那個時候算起，已經過了將近二十年。現在這個年代又是如何呢？在Youtube等平台收看教學影片已經成為常態，只要上網，幾乎可以查到任何你需要的資訊。如今，全球的通訊環境已臻完善，無論在世界上的任何一個角落，只要付費就能參加著名運動員開設的課程。又是一個更偉大的時代。

如果我那個時代像是馳騁於高速公路，那麼**現代的速度可謂遠遠超越噴射機**。只要比賽中出現新的招式，立刻就可以在網路上看到即時分享的影片。即使那個招式很難學，只要反覆不斷觀看影片，終究能成功模仿。當然，因為不清楚招式訣竅的關係，我只能透過邊看邊模仿的方式學到一點半吊子功夫，但是跟沒辦法看到任何畫面的時候相比，已經是天壤之別了。

古早的格鬥漫畫一定有的經典橋段，就是主角到山上修行並遭遇與熊搏鬥的場景。在經歷苦修並對死亡有所覺悟之後，主角終於領悟出屬於自己的全新絕招，並用這一招擊敗對手。

但到了現在這個時代，即便你真的跑到山中閉關修練，出關之後參加比賽，也很難稱心如意地使用新創的招式擊敗對手。在這個高度資訊化的社會，光靠一個人思考，就像堅持不搭飛機、一定要自己走路一樣捨近求遠。

「憑感覺」開店很危險！

這一點也適用於商業領域。和過去相比，到處都能學習到各種商業相關的專業知識和理論。

只要搜尋「拉麵、創業、重點」等關鍵字，就能找到一大堆網路頁面，還有各式各樣的書籍可供參考。

即便身處這樣的時代，還是不乏這種用「到山裡閉關修行」的方式白手起家的人。我看到一家新開的店，偶爾會閃過「應該很快就會倒了吧」的念頭。可能是因為店外的裝潢讓人不想走進去，或是菜單不符想像等等，原因不盡相同，但我的預感幾乎都會成真。

為什麼要開一家讓人一看就覺得會倒的店？原因很簡單，就只是開始之前沒有好好準備而已。很多時候如果制定的計畫行不通，就等於輸在起跑點了。計畫必須符合現實，不能光憑想像。沒有根據現實狀況所制定的計畫，是沒有任何意義的。

近年來，全國的創業人數呈現上升趨勢，政府扶持創業者的政策也在不斷加強中，申辦貸款的難度也降低了。現在只要創業計畫書上的財務數據客觀實際，創辦人的信用評等沒有問題，就很容易核貸成功。

不過另一方面，創業後的追蹤輔導制度卻還不夠完善。

創業之後馬上能夠吸引足夠顧客的行業並不多。對大多數的小規模企業來說，創業第一年通常只能靠燒資金來維持。那些**迅速倒閉的企業，通常不是因為虧損倒閉，而是準備的資金燒光了**。沒有資金就不能買食材，沒有食材，生意當然也不可能繼續做下去。

隨隨便便就開了間拉麵店

接下來舉拉麵店為例，跟著我一起思考看看。丼不理先生是丼振先生的親戚，為了開一家新店，他已經存了500萬日圓的資金。他卯足幹勁，除了自己的500萬資金之外，還額外向銀行借了1000萬日圓。

丼不理先生立志要打造一家「不輸給高級餐廳的店」，他在青森縣的海岸附近租下店面，無論內外裝潢都極盡心力打造。在這個階段，他支出了1000萬日圓的成本。再加上購置廚房設備和食器，最後他手頭上的資金大概只剩100萬左右。

這家店的主打菜單是大量使用土雞肉和海膽製作而成的「海膽地雞拉麵」。由於使用的食材相當高級，因此在價格上也相當強勢，訂為每碗1500日圓。

拉麵本身可謂極致美味，試吃過的人都讚不絕口。丼不理先生就這樣帶著滿滿的自信，開始了他的拉麵事業。

貫徹高級路線的「丼不理拉麵」馬上引來電視和報紙爭相報導，每天都高朋滿座。開幕第一個月立刻就忙得不可開交，丼不理先生每天都疲憊不堪。雖然這家店的成本率超過40%，但營收也如預期高達400萬日圓。這也代表營業了一個月之後，這家店創造了150萬日圓的盈餘。

此時，丼不理先生深信自己的拉麵店已經取得成功，因此他支付了150萬日圓的頭期款，購入了一輛擱在心頭許久的豪華轎車。他的生活也過得愈來愈奢侈，

餐飲店客流量變化的範例

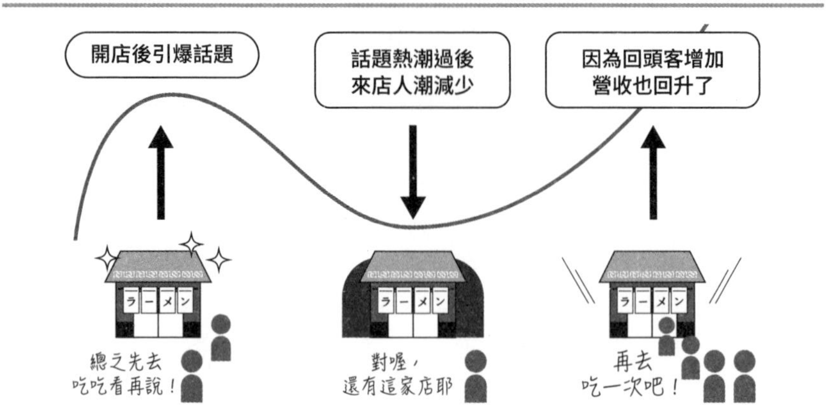
開店後引爆話題
話題熱潮過後
來店人潮減少
因為回頭客增加
營收也回升了
ラーメン
ラーメン
ラーメン
總之先去
吃吃看再說！
對喔，
還有這家店耶
再去
吃一次吧！

甚至花光了原本初期投資時剩下的100萬日圓，瞬間就口袋空空了。

到了第二個月，造訪拉麵店的顧客明顯大幅減少。店鋪位於青森縣的海岸，夏天過後遊客就走光了。話題熱度一過，就只剩少數的回頭客還會過來消費。店裡的收入一直沒有增加，但帳單很快就要到期了。因為缺乏資金的狀況太嚴重，丼不理[10]決定找一份晚上兼職的工作。

經營拉麵店要到處碰「壁」

這個例子雖然相當極端，但類似的情況並不少見。**一般來說，餐廳在開幕後的一個月內通常受益於話題熱潮而能吸引大量顧客，但是到了第二個月，顧客的數量就會大幅下降。**

從這個時間點開始，店鋪就要想辦法增加回頭客，讓營運步上正軌，但這段過程經常產生虧損，因而導致資金持續減少。

除此之外，據說拉麵有所謂「**千元之壁**」的說法。時至今日，拉麵已經傳播到包含紐約和倫敦等世界各地的許多城市。在世界各大城市販賣的拉麵，每碗超過2000圓日幣的狀況並不少見。但是在日本，拉麵的價格區間一般都在700～800圓日幣左右浮動。

無論是肉類和蔬菜配料都份量驚人的二郎系拉麵，還是「東京米其林指南」榜上有名的拉麵名店，都很少推出一碗超過1000圓日幣的拉麵。

像拉麵這類難以拉高價格的商品，為了維持穩定經營，不得不事先針對客群和店鋪概念，制定明確的創業計畫和財務計畫。這些計畫必須根據實際狀況進行審慎的評估。

除此之外，為了因應可能的營收低於預期或意外狀況發生，隨時確保充足的營運資金也是相當重要的一環。若能做到這點，即使經營狀況突然惡化，也能爭取足夠的時間採取因應對策。

10 丼不理（原文ドンブ・李）跟丼振一樣，都是丼飯（どんぶり）的諧音。

找出計畫與現實的差距並採取對策

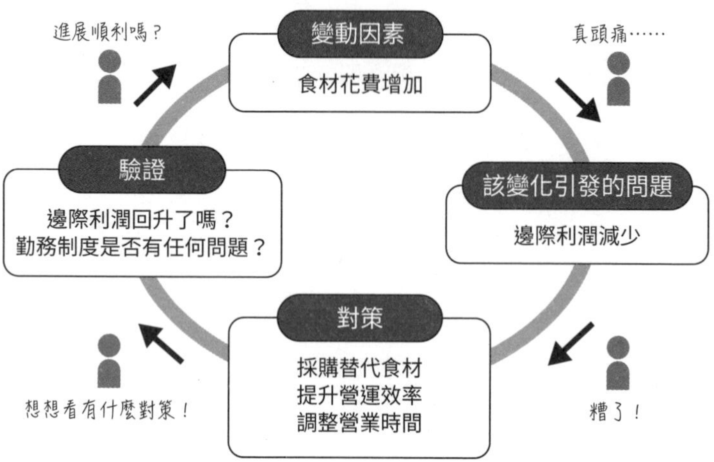
變動因素
食材花費增加
真頭痛……
該變化引發的問題
邊際利潤減少
糟了！
對策
採購替代食材
提升營運效率
調整營業時間
想想看有什麼對策！
驗證
邊際利潤回升了嗎？
勤務制度是否有任何問題？
進展順利嗎？

話雖如此，計畫還是經常趕不上變化。因此最重要的是在**制定計畫的過程中，找出來客數、成本等變動因素，並釐清這些因素若改變，將會如何影響財務狀況**。若能釐清其中的因果關係，那麼當壞事無預警發生時，我們就能又快又準確地計算出該事件可能造成的影響。

說實話，一旦不小心有了個糟糕的開始，就需要花更大的精力來修復它。因此千萬不要衝錯方向，反而把自己撞得頭破血流。這一點請務必銘記在心。

09 管理會計的魅力究竟是什麼？

——它不是「賺錢」的工具，而是幫助你「持續經營」的工具

談到這裡，各位是否已經稍稍理解到學習管理會計的好處了呢？只要能得心應手地運用管理會計，就能迅速累積財富，過上玫瑰色的人生……？很可惜的是，現實並非如此。

如果這樣就能發大財過好日子，那像我這種專門處理會計事務的公認會計士每個都是有錢人，這項職業也會比現在更加熱門。

天下沒有白吃的午餐

沒有什麼生意是可以輕鬆賺大錢的。網路上常見的廣告如「任何人都能做，只要點擊一下，一天就能賺5萬！」，那些都是騙人的。真的這麼好賺，他怎麼不自己雇人來大量點擊就好？

找點擊連結的兼職人員，一天頂多付幾千塊錢薪水，等於賺取暴利。他們自己不賺，還要教別人賺，光是這樣就能斷定這一定是騙人的。千萬不要上當了。

我除了經營自己的事務所（提供公認會計士、稅理士、司法書士和行政書士的服務）和一家拉麵店以外，還和朋友一起開公司，共同經營葡萄酒專賣店；另外，我也在八戶市的鬧區買下一棟建築做出租生意。

這些都是全年營業收入幾千萬日圓的小規模生意。

最主要的士業事務所是家族企業，而且幾乎沒有什麼成本，所以沒有什麼需要擔心的地方，但其他的事業就沒有這麼輕鬆了，我日日都在煩惱中苦苦掙扎。

拉麵店的來客數量會因為天氣狀況和新冠疫情的感染人數而受到影響。每次只要天氣不好或感染人數升高，顧客數量跟前一天相比通常就是直接砍半。葡萄酒專賣店除了做一般客人的生意之外，還有很大一部分是出貨給餐飲業。因此，如果餐飲業被疫情影響導致來客數減少，對葡萄酒出貨來說也會造成重大損失。商辦出租的生意也會因疫情影響提高流動率，若空間閒置的時間拉長，也將影響到收租的利潤。

每次碰上這種負面影響時，我們就會計算利潤並模擬資金調度的狀況。到目前為止，我還沒有為資金傷過腦筋，但也沒有賺到多少錢，這點讓我很頭痛（笑）。

破產倒閉的真實原因

事實上，破產倒閉的原因並非赤字累積，而是缺乏資金。這是當然的，因為沒有資金，事業就無法運作。

拉麵店如果沒有採購食材，就煮不出拉麵。葡萄酒專賣店沒錢採購葡萄酒，哪有商品可以放在店裡賣。事業一旦走到這個地步，就無法繼續經營，只能迎來倒閉的結果。

反過來說，**不管累積多少債務，只要帳單付得出來，公司就能持續經營下去**。對自由撰稿人來說，撰稿沒有成本，所以即使手上沒錢也可以工作；除非他們自己不做了，否則不太可能倒閉。

順帶一提，我以前工作的公司是做船舶運輸的業務。

該公司主要運輸的貨物是鐵礦和煤炭這類礦產資源，透過船舶運輸在澳洲和中國裝載貨物，主要運往日本。大型船舶的船身全長超過三百公尺。船舶是自有資金建造或向船東租用的，每艘船的建造成本從數十億日圓到數百億日圓不等，費用相當可觀。造船投資的金額需透過運輸業務回收，但船運運費受到全球海運市場影響，每天都在波動。

我記得有一段時間，運費行情一度大幅下跌，公司每天都必須面臨龐大的虧損金額。當時我任職該公司的會計部，每天看到的數據都令人怵目驚心。但至少在我仍在職的期間，公司還是撐了下來，沒有倒閉。因為銀行願意貸款給公司，所以公司沒有因此拖欠任何款項（雖然後來還是倒了）。

為什麼公司有獲利還是會倒閉

另一方面，有一個術語叫做「**黑字倒閉**」。

2017年，大阪市一家印刷電路板的設計公司NARUO電子宣告破產。當時的報導指出，該公司的客戶當中包含龍頭製造商，年營收高達10億日圓，與上一年度相比，獲利成長了1.7倍。儘管如此，卻因為快速擴張導致庫存需負擔的支出加重，最後因為資金周轉不過來而破產倒閉。

2008年破產的房地產公司Urban Corporation（廣島市），最近前三個會計年度的營收和利潤都持續增長，上一個會計年度的經常利益（稅前淨利）甚至超過6百億日圓。然而，房地產市場突然急遽降溫，該公司因而陷入資金短缺的窘境。

如上所述，**即便公司獲利賺錢，只要缺乏資金，還是無法繼續經營下去**。

Profit is an opinion, cash is a fact. ——直譯為「收益是觀點，現金是事實」。據說這是索尼集團（Sony Corporation）第一任首席財務長（CFO）伊庭保經常引用的一句名言。

無論經營規模多大的公司，都不能只顧追求利益，而忽略了資金調度這個重要的課題。當然，若公司長期赤字虧損，就會因為借不到錢而導致資金耗盡。

此外，為了擴展公司規模，雖然需投入資金、設備和廣告等必要投資，但在踩油門加速前進之際，仍需注重整體的財務平衡。

提升營收的三個要素

對企業來說，若不能確保持續穩定的營收，將無以為繼。而且能夠提升營收的要素也只有三個，分別是「顧客數量」、「客單價」和「次數」。

營收＝顧客數量×客單價×次數

為避免資金耗盡，其中一種經營策略是思考什麼樣的方式可以增加營收。為了達到這個目的，分析現況至關重要，而會計數據就是一切的基礎。

無論身處任何產業，都要保有靈機應變的機動性。例如剛剛提到的 Urban Corporation 公司，就在宣布鉅額盈餘的幾個月後破產倒閉。當新冠疫情爆發衝擊餐飲業者時，能夠迅速作出決策的企業，相對來說更有機會阻止虧損擴大和資金流出。

所謂的管理會計，顧名思義就是管理經營的會計。**當公司有機會成長、面臨危機或在好幾個選擇之間猶豫時——決策的基準應該是奠基於數據的理論**。當然，有些時候直覺也很重要，但仍然希望能透過數據檢驗的過程來佐證想法。

要擴大規模，還是不冒風險持續穩定經營？企業的經營方針會根據經營者的決策而有所變化。經營就是一連串的決策，一旦犯下大錯，很可能再也無法挽回。為了避免落入意想不到的陷阱，最重要的是每天檢視數據並盡量預測不久後的將來。

懂得運用管理會計並不保證一定能賺錢。雖說如此，它卻能幫助我們大幅降低破產的風險，這一點無庸置疑。管理會計是幫助小型企業持續經營事業的工具，可謂小型企業的強大盟友。

龍拉麵的創業故事❶

在什麼店都開不久的當地公會堂拉開序幕

龍拉麵的地點位於市政府旁邊的市立公會堂裡面。公會堂對我來說，是充滿回憶的地方，我小時候常去看電影，也曾在此觀賞大兒子的成果發表會。從正門走進去，最裡面的一個角落有餐飲區，我就在這邊租位置開店營業。

客人一進門，馬上就會看到一個和大廳相連的接待櫃檯，但餐飲區卻在另一個方向，實在吸引不到太多目光。所以如果不是本來就知道這裡有拉麵店，幾乎沒有人會注意到這家店。我自己也是一樣，雖然常來公會堂，但卻幾乎沒有在這邊的餐飲區用餐過。在自己的拉麵店開幕前，我甚至不知道這邊有餐飲區。

因為這裡的先天環境，即使有人在這裡開店，通常也維持不了多久。聽說在龍拉麵進駐之前，這邊有一家食堂和咖啡廳進駐，可惜因為搬遷和倒閉，這個空間在我租下之前已經閒置好一段時間了。

老實說，這個地點一點都不適合開店。公會堂前幾乎沒有人潮，所以完全不會有人偶然走進來光顧。

以經營餐飲店來說，來客數主要由❶專程來的人，跟❷碰巧走進來的人所組成。把店開在沒有人潮的地點，等於放棄吸引❷這類型的顧客，經營上會變得困難許多。正因如此，若店鋪位於人潮眾多的地點，因為有機會吸引更多第❷類型顧客，租金也會相對較高。

我之所以選擇這個環境較為嚴峻的地點，是因為我想將可複製的經營知識內化為自己的實戰經驗。

我想要改變這個日漸衰退的故鄉。我認為加入新的創業者能為這個城市注入有趣的活水，讓城市變得更有魅力，吸引更多人願意留在這裡，甚至吸引外地人移居過來。

想創業的人，並不是每個人都有足夠的資金。所以，如果我能在這樣的限制下成功經營一家店，或許就能開闢一條道路，讓沒有資金的人也看到成功的可能。

揣著這樣的心思，我開始經營龍拉麵。幸運的是，在許多人的支持下，這家店總算得以支撐下去。

我心裡稍稍有點覺得「地點條件設得太嚴苛了！」這可是個祕密，請不要說出去（笑）。

第2章

一碗拉麵如何產生利潤？

01 不同業務型態的拉麵及其獲利機制

——利潤是否比得上排隊名店？

試著回想一下你家附近的幾家拉麵店吧。

有些店總是人潮眾多，有些店卻門可羅雀，好像沒什麼客人。這兩家店哪一家比較賺錢呢？

正確答案是「我不知道」。抱歉再次問了一個刁難人的問題。然而，抱持這樣的觀點，對經營者來說相當重要。

請大家試著想像一下。看起來好像沒什麼人上門的拉麵店，為什麼不會倒？當然，我相信在某些情況下，沒有顧客就等於完全賺不到錢。然而**有些店鋪乍看之下不賺錢，實際上卻經營得有聲有色**。讓我們根據店鋪的種類，一起思考看看收支平衡吧！

二郎系拉麵店的獲利機制

首先是被稱為「二郎系」的超大份量拉麵店。一般來說，二郎系拉麵的湯頭是由大量的豬骨、豬背脂和叉燒豬肉熬煮而成。為了讓豬肉鮮美的濃郁滋味完全釋放出來，聽說很多店家都會花很長的時間熬湯頭。食材的用量會直接影響湯頭的風味，因此會使用大量的豬骨和豬背脂。實際熬煮時間因店而異，但熬8小時以上的店家並不少見。

在麵條方面，通常也會展現店家的獨到創意。二郎系麵條的標誌性特徵，就是使用高筋麵粉製、口感粗糙的寬麵。派系本家的拉麵二郎，基本上是提供自家製的手工麵條。至於非直系的衍生店，有些店也是自製手工麵條，有些店則向專門的麵條製造商進貨，每家店鋪各有不同的做法。

最後，二郎系拉麵最重要的特徵就是份量了。即使選擇小碗拉麵，也已經相當於一般拉麵店的超大份量了；如果選擇大碗，則會超過一般拉麵店兩碗麵的份量。此外，還可以依照自己的喜好增加蔬菜和豬背脂等配料的份量，再大方疊上厚度超過5公分的巨大叉燒。

二郎系拉麵店的獲利機制

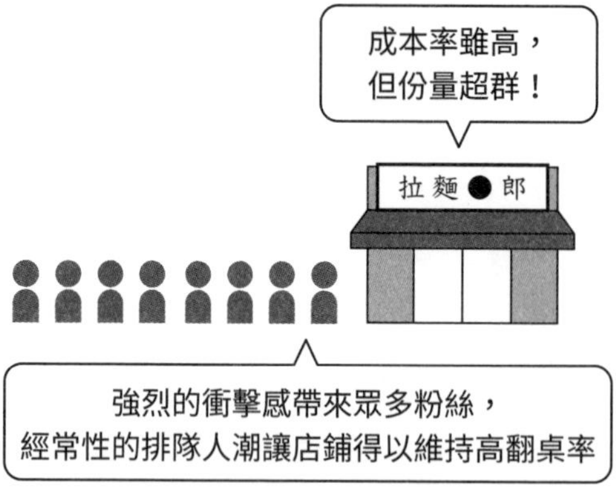
成本率雖高，
但份量超群！
拉 麵 ● 郎
強烈的衝擊感帶來眾多粉絲，
經常性的排隊人潮讓店鋪得以維持高翻桌率

價格最高也才差不多1000日圓左右，吃一碗就能飽一整天，CP值相當高。以年輕客群為中心，愈來愈多人被這碗由豬油、粗硬麵條和大蒜交織成的美妙滋味所擄獲，也因此在日本各地皆湧現了大量排隊人潮。

由於份量相當大，一碗拉麵的用料也比其他類型的拉麵店來得多。就算是小碗拉麵，麵條重量也經常高達300公克左右。

麵條的成本取決於來源，自製和採購的成本不同。若為採購麵條，就算是較便宜的店家，300克的成本也要差不多100日圓左右。另外，叉燒也是成本相當高的食材。二郎系拉麵基本上都使用厚切叉燒，因此每碗的用量甚至會達到100公克。

肉的價格根據部位和供應商而有所差異，即使選用較便宜的肉，通常100公克也要80

日圓左右。如果選用國產豬，價格甚至會高出一倍以上。

如此這般，**二郎系拉麵的成本率通常很高，據說大多數的店家落在40%左右**。當然每家店條件不同，成本率也不盡相同，很難一概而論。但毫無疑問，二郎系拉麵必定是成本較高的拉麵店類型。

除此之外，二郎系拉麵的一大特色，是透過店家制訂的規則來維持高翻桌率。點餐時，客人需要唸出一組咒語來指定配料的份量，例如「菜加大蒜普通油脂普通濃度普通（日文原文：ヤサイマシニンニクアブラカラメ）」[1]。因此，如果你是對此文化一無所知的新顧客，可能會感到相當困擾。

有些店會詢問客人「要加大蒜嗎？」，這個問題其實就是在問客人「請指定菜量、油脂量和要不要加大蒜」。如果沒意會過來，只回答「是或不是」的話，有時候可能會被店員冷眼。

二郎系拉麵一般都會出現排隊人潮，所以有些店家會以固定的節奏不間斷地準備

1 可以指定的配料有四種：ヤサイ（蔬菜）、ニンニク（大蒜）、アブラ（油脂）和カラメ（濃度）；可以指定的份量每家店不盡相同，通常只唸配料名稱就是一般份量，若要指定特殊的份量，由少到多分別是ヌキ（不要）、スクナメ（少一點）、マシ（加）、マシマシ（加加），有的店會有加三份的咒語チョモランマ（マシマシマシ）。所以這邊的咒語「ヤサイマシニンニクアブラカラメ」就是除了菜要加以外，其他都是普通份量。順帶一提，チョモランマ是聖母峰的意思，也就是給我加到爆。

拉麵。由於這種狀況是假設現在坐在店裡的客人會在下一碗拉麵煮好之前吃完，因此如果有人吃得慢，位子就空不出來，店家也就不能端出下一碗拉麵。聽說這種行為被稱為「打亂批次（日文原文：ロット乱し）」，是不受店家歡迎的行為。

由此可見，**二郎系拉麵對新顧客來說門檻較高，因此大多數都是回頭客。這是一種相當高明的商業模式，使店家可以維持較高的翻桌率，進而在高成本率的情況下仍能確保盈利。**

高級拉麵店的獲利機制

接下來，我們來討論對食材十分講究的高級拉麵店吧！

高級拉麵店，指的是使用高級的土雞肉和品牌豬肉食材，並在著名的旅遊指南中取得星級評價的店鋪。老闆常常是過去曾擔任日料或法國餐廳主廚的人，以高級拉麵店來說，由餐廳主廚轉行的狀況並不少見。他們運用多年累積的技術和食材鑑別能力，為客人提供和平價拉麵店相比截然不同的味覺體驗。

高級拉麵店每一家店推出的拉麵都各具特色，有其獨特的風味。他們的共同之處在於主打嚴選食材的產地和品牌，打造出一碗頂級美味。甚至還有店家使用奢侈的

高級拉麵店的獲利機制

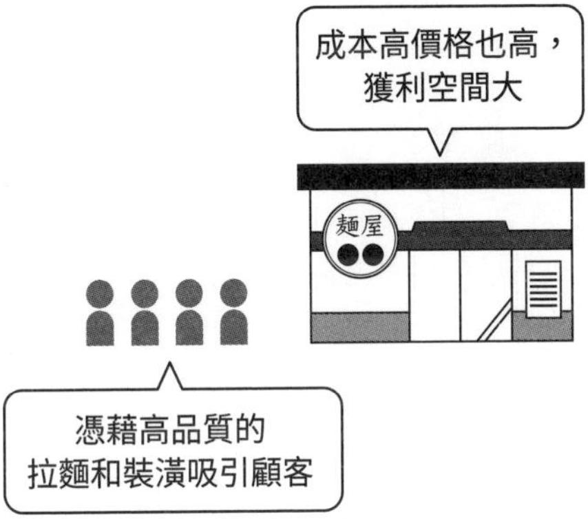

成本高價格也高，
獲利空間大
麵屋
憑藉高品質的
拉麵和裝潢吸引顧客

松露和和牛。高品質不僅呈現於拉麵本身，在整體外觀上也追求華美且具一致性的裝潢和器皿，因此高級拉麵店大多給人完美又無可挑剔的印象。

整體來說，大部分的高級拉麵店都與一般的拉麵店明顯不同，因此消費價格也相對偏高。一碗不追加任何配料的拉麵定價超過1000日圓是稀鬆平常的事，也有定價超過1500日圓的品項。**可以說是打破過去「千元之壁」的新時代拉麵**。

因為使用高級食材，高級拉麵的成本率和二郎系拉麵一樣有偏高的趨勢。二郎系拉麵吸引顧客排隊的優勢是大份量和CP值高，而**高級拉麵則是訴求高級感和高品質的拉麵**。

由於定價較二郎系拉麵高，即便成本率相

同，每碗的利潤也較高。儘管每家店鋪的情況不同，但是高級拉麵店所設計的營運模式，通常更容易在來客數少於二郎系的狀況下保持獲利。

町中華的獲利機制

最後，來談談隨處可見的町中華料理店。這類型的餐館通常不會像人氣拉麵店那麼擁擠，而且幾乎沒有排隊人潮。即使來客數明顯少於之前討論過的各類型店鋪，在我們身邊依然有不少町中華料理店。

町中華的拉麵通常是使用雞肉或小魚乾熬煮的懷舊口味，食材也都是隨處可見的日常料理食材，因此成本率應該可以壓得很低。

雞骨不僅價格便宜，也比豬骨好處理，不會花費太多時間，因此也能縮短烹煮拉麵的時間。在某些情況下，一碗町中華拉麵的邊際利潤，可能還比二郎系拉麵高。我偶爾隨意走進這種町中華餐館用餐時，常常會看到常客的老爺爺坐在店裡，一邊喝啤酒一邊看電視。

事實上，這就是町中華的強項，也是這類型餐館能持續營業的主要原因。請大家回想一下自己去擁擠拉麵店用餐時的經驗。是不是副餐的選擇很少，而且沒人坐在

町中華的獲利機制

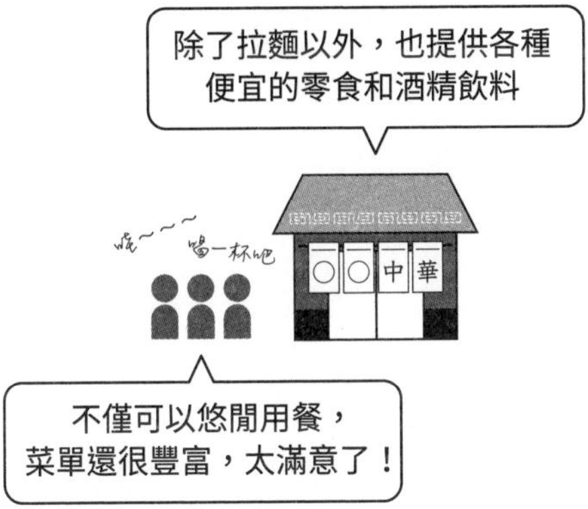

除了拉麵以外，也提供各種
便宜的零食和酒精飲料
喝一杯吧

不僅可以悠閒用餐，
菜單還很豐富，太滿意了！

店裡悠閒地喝酒？因為希望吸引大量人潮的店家，不可能提供讓顧客久坐的豐富菜單。

另一方面，**町中華的空桌較多，因此可以讓顧客懶洋洋地在店內喝酒，這就是町中華的優勢**。

逆向思考看看，是不是找不到一家不提供煎餃、炒飯和啤酒的町中華餐館？

用具體的數字來計算看看。

假設二郎系拉麵一碗定價１０００日圓、成本率40%；高級拉麵店一碗定價１５００日圓、成本率也是40%；而町中華除了一碗拉麵定價７００日圓、成本率30%以外，每個人還會點２８００日圓的小菜和水酒，這些餐點飲料的成本率大概是20%左右。

以上述假設計算出一個人的邊際利潤，

各種拉麵店其邊際利潤之差異

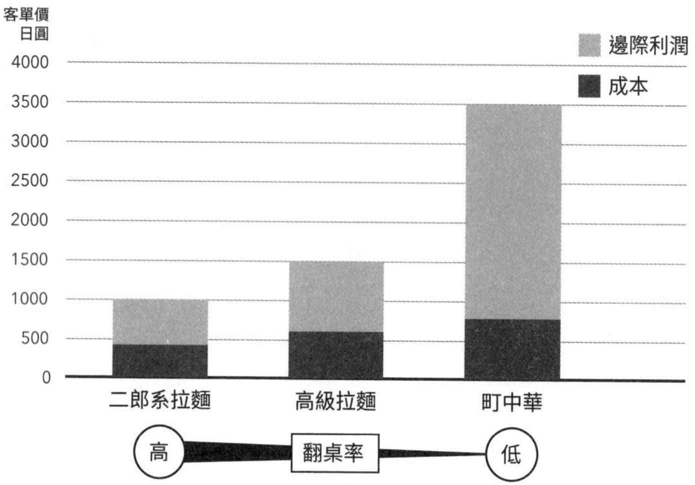

二郎系是600日圓、高級拉麵店是900日圓，而町中華則是2730日圓。

根據這個前提，**町中華一位客人所提供的價值，相當於二郎系拉麵4位以上的客人以及高級拉麵店3位以上的客人。**

這樣比較下來，可以很清楚看出**一間店要賺錢，不是一定要大排長龍。**

不只是餐飲業，任何的商業買賣，其商業模式的設計都各有不同，有的追求薄利多銷，有的則在少數的銷售機會當中追求較高的利潤。我們不妨思考一下，如何從拉麵店的案例中汲取靈感，並運用在自己的事業。

02 無法創造利潤的店家就會倒閉
——但是，所謂的「利潤」到底是什麼？

「殭屍」是恐怖片的經典代表，因為某種不知名的原因，由一具屍體復甦而來。自古以來殭屍就廣泛出現在各式各樣的娛樂題材之中。例如，戲劇方面有《陰屍路》，遊戲有《惡靈古堡》，漫畫則會想到《請叫我英雄》等，這些都是相當廣為人知的作品吧？而無論在哪一部作品，殭屍都扮演著雖然處於死亡狀態、卻像活著一樣繼續到處移動的角色。

所謂「殭屍企業」是什麼樣的企業？

此外，也有企業被稱為殭屍。「**殭屍企業**」這個概念誕生於日本泡沫經濟破滅後的1990年代初期，意指因為收支平衡惡化而無法支付利息或償還債務的企業。這些企業本應走上破產一途，卻仍持續經營，因而被稱為殭屍企業。**即使企業本身**

已無重生可能，卻因為政府和金融機構的支撐，使其仍能繼續維持營運。

這些企業成為不良債權（呆帳）的避風港，是泡沫經濟破滅後造成日本經濟長期停滯的原因之一。

而銀行對殭屍企業的過度支援，也對金融機構本身造成相當大的打擊。到了現在，由於主管機關加以限制可能形成呆帳的貸款，殭屍企業也愈來愈少出現。持續虧損的企業，最終只能宣布破產。我曾經任職的公司就是因為連續出現大幅赤字，變得愈來愈依賴銀行貸款做資金周轉，最終也因為銀行拒絕融資而落入破產的下場。

對拉麵店來說，「賺錢」指的是什麼？

正如先前已經學到的，所謂**「賺錢」指的是手頭上還有剩餘的錢**。如果一家公司無法獲利，最終就會倒閉。如果你是個人企業主，你的公司將停止營業。因為無論資金多少，總有一天會坐吃山空。接下來就讓我們用拉麵店當例子，更具體地來思考。

假設有一家個人經營的拉麵店，每個月賣出1000碗定價1000日圓的拉麵。也就是說，這家店每個月的營收是100萬日圓，扣除食材費30萬日圓，以及人事費加水電瓦斯費的60萬日圓，可以算出每個月的盈餘為10萬日圓。由於每個月都有10萬日圓的利潤，乍看之下似乎沒什麼問題。

然而，所得稅是根據淨利來計算的。

稅費的計算實際上更加複雜，不過如果我們假設稅率是30%，每個月需繳納的營所稅大致為3萬日圓。扣除稅金後，每個月手邊就只剩下7萬日圓了。

償還債務不會被視為「營業費用」

利潤足以繳稅而且有剩錢，並不代表一切無虞。在之前的篇幅中也曾稍微提過，假設開店有向銀行貸款，這些剩餘利潤就必須用來償還部分貸款。好像很多人都有誤解，事實上**用來還債的款項並不會被列為營業費用。因此，企業必須從稅後淨利這份「賺來」的錢當中扣除部分金額，來繳納貸款**。

從另一個角度來看，如果還款被列為費用，那麼借款時若不列為收入，整筆帳就不合邏輯了。即便公司因為貸款而使資金暫時增加，但債務人畢竟有償債義務，因

此這些資金並不能算是公司賺到的錢。

這就是為什麼借錢時該款項不需納稅，還錢時該支出也不被列為營業費用的原因。

當然，如果只收錢而不需要還錢，又是另外一回事了。**無償收取他人財物，會被視為「贈與」而非借貸**。在這種情況下，如果收取財物的是個人，原則上需要繳納贈與稅。即便受贈者為法人，也需以受贈益（日本列為特別利益）的方式申報納稅。

在什麼情況下會「有獲利但資金減少」？

我們假設一個狀況：有一個人創業時借了1000萬日圓當資金，八年後還清借款。為了簡單起見，我們假設這筆借款不產生任何利息。若以等額方式償還本金，每個月的還款金額大約是10萬日圓左右。

把這筆貸款套用到剛才的例子，由於還款不算入費用，所以利潤和稅金的金額不變。

在這樣的情況下，再用稅後淨利來還款，即「7萬－10萬」，代表每個月將會虧損3萬日圓。所以就結果來說，這位個人事業主等於陷入了「**明明有獲利，資金卻**

持續減少」的窘境。這對我這種每天都在計算稅額的人來說是老生常談了，但對不太了解會計的人來說，這個狀態簡直不可思議。

而且，開銷還不只這些。對獨資的負責人來說，他們當然是沒有固定薪水的。得要公司有賺錢，老闆才有額外收入。相反地，當公司的營收不夠時，也是老闆要自己掏腰包填補支出。

以剛剛的例子來說，假設這家拉麵店老闆今年30歲，與他同年的老婆在家專心帶他們的3歲兒子。

這個三人小家庭在本地的城市租房子，每個月的開銷是房租6萬日圓、伙食費4萬日圓、水電瓦斯費2萬日圓、汽車的油錢1萬日圓……。即便他們過得一點都不奢侈，帳單仍如雪片般飛來。根據日本總務省的調查，三人家庭的平均生活費用約為18萬日圓。而這些**生活費當然不能列為公司的營業費用**。我偶爾會遇到對這類開銷的認列有所誤解的人。

如果與公司業務無關的支出都能列為費用，也就是報公司帳，那麼只要把錢花光光，就不用繳稅了。這麼一來，大家都花錢不繳稅，國家的稅收將會銳減。當以稅金挹注的各種社會福利制度無法正常運作，國家將會面臨破產危機。

開店營業產生的利潤為7萬日圓，但不列入營業費用的開銷，就包含貸款的10萬日圓和生活費的18萬日圓。加加減減下來，經營這家店等於一個月虧損21萬日圓，只要短短一年就產生252萬日圓的資金缺口。在這樣的狀況下，積蓄很快就會花光，等到銀行拒絕核貸的那一天，就只能關門大吉。

因此若要持續經營這家拉麵店，每個月最少要賺到28萬日圓的利潤，才能支撐貸款和生活費等基本支出。

「老闆真有趣！人氣爆棚店」能賺錢嗎？

「老闆真有趣！人氣爆棚店」是日本的一個電視綜藝節目。節目介紹許多「老闆熱情過頭而且搞笑又好吃的店」，這些店的老闆都相當有個性，擁有獨特的個人魅力。我也非常喜歡這節目，幾乎每個禮拜都會收看。節目介紹的店家都提供大份量甚至超大份量的服務，價格也非常公道，讓人一看就知道為什麼這些店能如此生意興隆。

當我的身分是客人時，非常喜歡到這類型的店家用餐。如果我家附近有這樣的店，我應該會成為常客吧。然而，如果我是餐飲業老闆或是他的家人，想法可能就沒有這麼正面了。節目介紹的店鋪當中，有些店家雖然價格便宜，卻能維持不錯的利潤。這些店的經營相當出色，一定付出許多努力，實在值得我們學習。

可是另一方面，也有一些店家的經營狀況令人放心不下。就是那種老闆在節目上直接說「完全沒賺」的店家。如果他們是為了節目效果才開玩笑就算了，但有些老闆在非營業時間還會去別的地方打工。這代表對他們來說，**光靠開店收入不足以維持生計**。如果老闆因為兼職而負擔太大，可能會累垮身體。

賺不到錢的店勢必撐不久，總有一天會無路可走。因此我們應該在情況變得更糟之前盡快行動，盡一切所能防範於未然，做好風險管理。

03

龍拉麵的損益平衡點
——邊際利潤等於1碗拉麵的利潤

龍拉麵的營業時間是早上11點到下午2點，沒有固定公休日。自2020年10月開業至今，已經過了大概一年半左右。

營業至今，狀況好的時候當日營收最高可到11萬日圓左右，但最差的時候一天只有1萬5千日圓左右的營收。可以看出即使在相同的地點和時間，每天的營收依然會出現相當劇烈的波動。

龍拉麵的經營狀況如何？

再來複習一下剛剛談過的管理會計吧。所謂的損益平衡點，是邊際利潤和固定成本相符的那一點，代表邊際利潤足以完全負擔固定成本，超過該點的營收都會產生盈餘。

龍拉麵的經營狀況

	銷售旺季月份	銷售淡季月份
每月營收	140萬日圓	85萬日圓
客單價	860日圓	860日圓
來客數	約1630人	約990人

龍拉麵的招牌菜單有兩種，分別是「濃厚煮干」和「淡麗白醬油」。定價皆含稅，濃厚煮干７８０日圓，淡麗白醬油６８０日圓。銷售所得扣除製作拉麵需花費的變動成本，餘額即為邊際利潤。

變動成本是只要製作拉麵就會增加的成本，主要是食材的費用。

固定成本是無論製作多少碗拉麵都不會變動的成本，主要是房租和人事費。

至於水費瓦斯費，究竟是固定成本還是變動成本，可能有些難以界定。水費瓦斯費該歸類在變動還是固定成本，取決於各行業的實際狀況，由於管理會計畢竟是針對企業內部需求所設計，因此只要方便管理，歸類在哪一項都沒問題。

以龍拉麵的月營收為例，最忙碌的月份大概是１４０萬日圓，而最冷清的月份則約為80萬日圓。每年只要夏天一到，吃拉麵的人就會愈來愈少。而新冠疫情的影響也不小，光是淡旺季就會產生這麼大的差異。

由於每位客人的平均支出大約是860日圓，因此在來客數方面，最繁忙的月份約有1630人，最冷清的月份則只有990人。

淡旺季的水費瓦斯費也有差異，旺季一個月大概是8萬5千日圓，而淡季則為6萬5千日圓。即便龍拉麵的營收在淡旺季相差如此之大，水費瓦斯費的差別卻只有2萬日圓左右，因此我果斷地將水電瓦斯費歸類為固定成本。

現在，讓我們再次衡量每碗拉麵的邊際利潤。前面提過，龍拉麵的客單價大概是860日圓。

由於作業流程和地點的現實考量，店裡雖供應大份量的拉麵和水煮蛋等配菜，但菜單上並沒有提供煎餃或滷內臟等小菜，也不提供酒精飲料。也因此每位顧客的消費金額總是難以超越一碗拉麵的價格，一直維持在差不多的水準。

龍拉麵的變動成本主要是拉麵的食材費。蔬菜和肉類的價格都會跟隨季節改變，而且是每天都在波動。以每個月的平均花費來看，龍拉麵勉強能夠將食材費比例控制在30%左右。

緊接著，請各位再回想一下邊際利潤怎麼計算。銷售所得扣除變動成本，就能得到邊際利潤，因此以龍拉麵的狀況來說，每位顧客的邊際利潤為：

860日圓×（100－30％）＝602日圓

總結來說，龍拉麵究竟需要多少營業額才能開始獲利？

損益平衡點指的是邊際利潤和固定成本相符、盈虧為零的營業額（營收）。龍拉麵每個月的固定成本大約為60萬日圓。也就是說，我們只要算出能完全負擔固定成本的邊際利潤需要多少來客數，就行了。

將固定成本除以邊際利潤，可以算出損益平衡點的來客數，算式如下：

60萬日圓÷602日圓＝996．6777人

為了簡化數字，就當作是1000人好了。然後，我們把算出來的來客數乘以客單價，可算出損益平衡點營業額為：

龍拉麵的損益平衡點

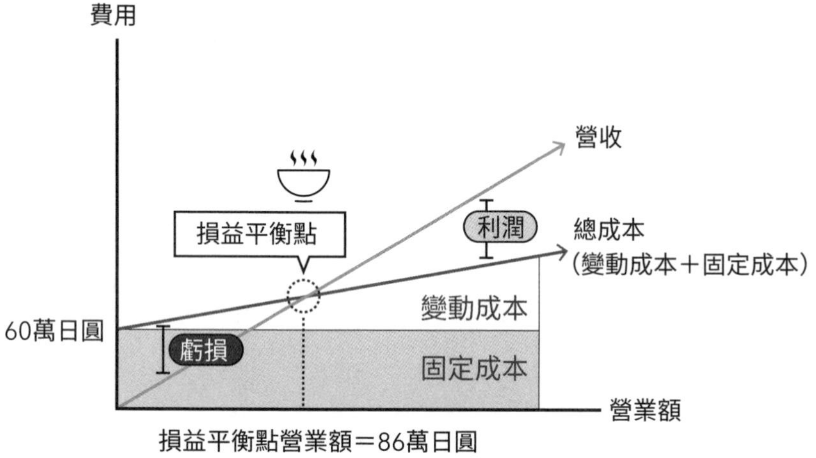

1千人×860日圓＝86萬日圓

只要有這筆收入，損益就打平了。順著這個邏輯，我們再用回推的方式確認看看。

銷售所得減去變動成本的比例後，邊際利潤率為70％，因此將營收乘以0.7計算看看。

86萬日圓×0.7＝60萬2000日圓

計算出來的邊際利潤和固定成本的60萬日圓幾乎完全一致，故得證利潤和成本互相打平。

撰稿人／士業專業人士的損益平衡點？

接下來，也思考看看其他行業的損益平衡點吧！尤其是各位目前正在經營的事業，也請務必以同樣的方式檢視一遍。

首先是幾乎不會產生成本的行業。本書迄今介紹過的行業當中，撰稿人和士業專業人士就屬於這個類別。寫稿不用花錢買食材，製作文件也不用每次都換一台電腦。因為沒有變動成本，營收本身就等於邊際利潤。固定費用則包含辦公室租金和從業人員的薪資。如果你開的是專業事務所，還得到稅理士會和司法書會等團體註冊並支付會費。

對這類行業的人來說，很簡單就能算出損益平衡點。**邊際利潤率為１００％，因此只要營收數字等於固定成本，即為損益平衡點**。

假設固定成本包含店租5萬日圓、人事費10萬日圓、水電瓦斯費2萬日圓和會費等雜費約3萬日圓，則總金額合計為20萬日圓。

順帶一提，我註冊了很多張證照，因此得向自己所屬的每個公會支付會費。各項會費的每月金額約為：公認會計士1萬日圓、稅理士1萬日圓、司法書士2萬日圓和行政書士5千日圓。公會會費也可能因地區不同而有所差異。

撰稿人／士業專業人士的損益平衡點（在沒有變動成本的狀況下）

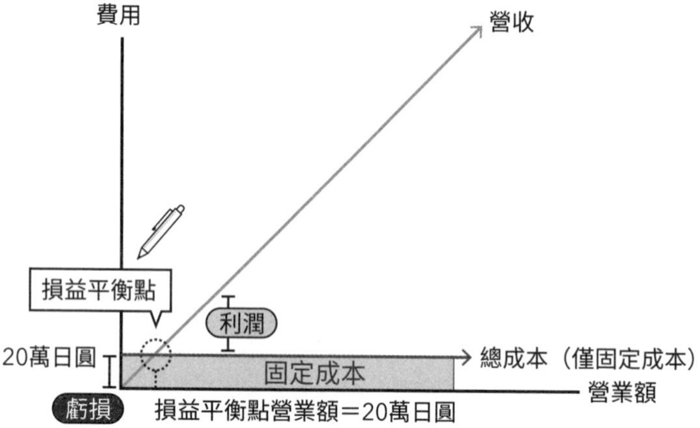

在這個例子當中，固定成本為20萬日圓，因此損益平衡點也是20萬日圓。只要營收高過這個數字就能獲利，代表我們可以用這筆錢償還貸款和支付生活費。

零售商店的損益平衡點

接下來要談商業模式為採購並銷售商品的行業，例如零售商店。由於**零售商店是向批發商購買商品再直接銷售給顧客，因此邊際利潤率比餐飲業低**。我的另一項副業——葡萄酒專賣店，就是這類型的零售商店。

我和朋友一起經營的這家葡萄酒專賣店，規模並不大。主要商品是原產地為歐洲、美國和智利等進口葡萄酒，除此之外也販賣一些生產於八戶的國產葡萄酒。

由於店鋪規模較小，很難自行聯繫世界各地的釀酒廠，必須透過國內的貿易商來進貨。這也導致商品的零售價格無法高於採購價格太多。

在這樣的情況下，**葡萄酒的採購價格加上運費等附帶成本，即為這家店的變動成本**。雖然邊際利潤率因商品而不同，但以整體狀況來說，大致落在20%左右。也就是說，葡萄酒的成本和進貨等附帶成本，就占了商品售價的80%。

假設固定成本包含店租10萬日圓、人事費30萬日圓、水電瓦斯費15萬日圓和雜費5萬日圓，總金額合計為60萬日圓。

也可以用固定成本的總金額除以邊際利潤率，來計算損益平衡點。正如字面上的意思，邊際利潤率指的是可回收的最大投資報酬率。換句話說，就是在整體銷售所得當中，能夠回收固定成本的比例。因此，只要用固定成本的總金額除以邊際利潤率，就能得出損益平衡點營業額。以這家葡萄酒專賣店為例實際計算一遍，可以得出損益平衡點營業額為：

60萬日圓÷0.2＝300萬日圓

也就是說，每個月的營收達到3百萬日圓後，這家店才能剛好打平成本。儘管固定成本的總額與龍拉麵相同，但就這家葡萄酒專賣店來說，如果不能創造出3.5倍以上的營收，就會產生虧損。一樣來驗算看看：

300萬日圓×0.2－60萬日圓＝0

從結果來看，兩種計算方式的結果相符。

葡萄酒專賣店比拉麵店更難經營嗎？

乍看之下，葡萄酒專賣店的損益平衡點比拉麵店高，經營上似乎更加困難。然而，事實上卻未必如此。這是因為，**葡萄酒動輒數萬元的商品並不少見，所以每位客戶的消費金額高於拉麵店**。

雖然還是有許多千圓左右的低價品項，不過價格將近5千日圓的商品也非常暢銷。因此，若假設每位顧客消費的平均消費金額為4千日圓，那麼可以計算出達到損益平衡點所需的來客數為：

葡萄酒專賣店的損益平衡點

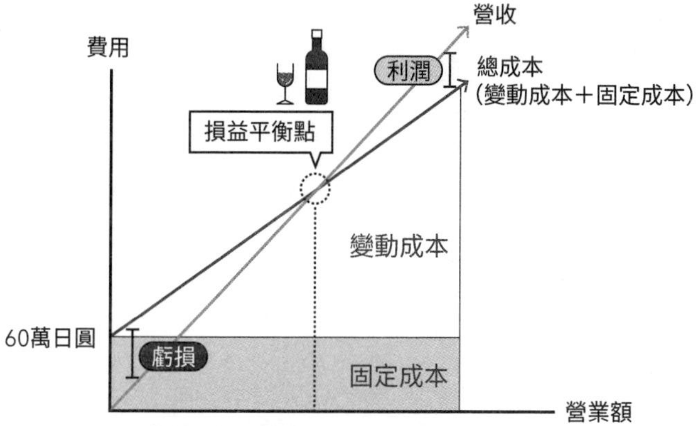

損益平衡點營業額＝300萬日圓

300萬日圓÷4千日圓＝750人

由此可見，這家店的來客數就算少於拉麵店，還是經營得下去。

然而，即使是同一種葡萄酒，根據地點和商店風格不同，銷量也會不同。在超市的酒類商品區，特價商品往往更受歡迎；然而在專賣店，價格昂貴的紅酒更容易暢銷。

由此可見，損益平衡點的考量邏輯會根據不同的商業性質而有所不同。因此，無論是追求薄利多銷，還是選擇銷售機會較少但邊際利潤更高的商品，獲取「利潤」的方式也各有不同。

試著善用管理會計，盡量避免失敗並發展你的事業吧！

04

拉麵店的獲利祕訣

——怎麼做才能持續獲利？

說到這裡，大家應該都已經了解到一碗拉麵如何「賺錢」的機制，以及如何持續經營一家拉麵店的方法。

接下來，試著總結至今為止學習到的知識吧！容易獲利的拉麵，具備什麼樣的特徵？

餐飲業就像綜合格鬥

說到這裡，我想各位讀者都知道這個問題的答案了。答案就是「我不知道」。

我曾經聽一個餐廳老闆說「**餐飲業就像綜合格鬥**」，這句話讓我印象深刻，到現在都還記得。因為**我們的目標不是開發好的商品，而是賣出很多商品再從中獲利**。

為了實現這個目標，不僅需要提升顧客服務和衛生安全品質，為了吸引更多人潮，擬定好的廣告策略也相當重要。

反觀，難以獲利的拉麵，原因也不難理解。例如**成本率高、客人少的店家，自然就不容易產生利潤**。

就像提供大份量拉麵的二郎系拉麵，因為食材費較高，因此每碗拉麵的邊際利潤往往也低於其他商業模式的拉麵。因此如果二郎系拉麵無法創造排隊人潮，就無法創造出足以負擔固定成本的邊際利潤。

另一種難以獲利的模式，是**固定成本高、但客人較少的拉麵店**。

這類型的店家開幕時，光是店鋪的內外裝潢和添購設備，就得花上一筆錢。許多餐廳非常講究特色，例如設計成監獄風格的餐廳，或是有水族箱造景的拉麵店等等。只要店內風格成為熱門話題，就可以吸引更多客人上門。開一家自己的餐廳，當然會受限於法律和合約規範，但餐廳本身的一切都可以由自己全權決定。

只要符合規定，你可以自己決定要推出什麼樣的菜單。餐廳的主題概念如內外裝潢等，也可以自由選擇喜歡的樣貌。這種感覺，簡直就像是打造一座「自己的城堡」。

因此，任何你想講究的地方，都可以盡情講究。此外，現在日本已有完善的鼓什麼是固定成本的折舊？

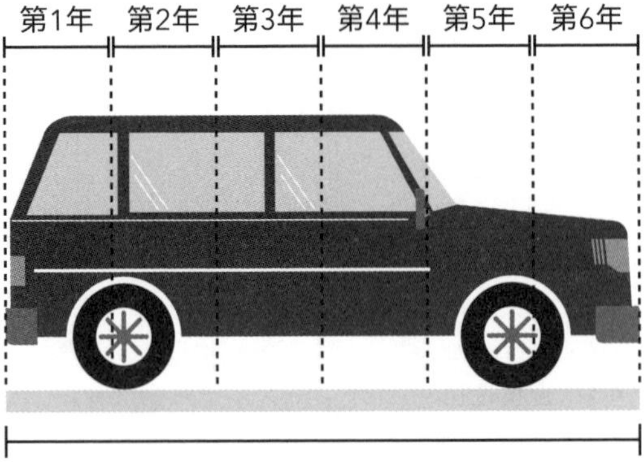

根據使用年限按比例分配至每年的費用當中

勵創業政策，讓有創業需求的人更容易取得資金。假設融資的目的是開餐廳，視情況不同，貸款額度也不同，就我所知甚至有零經驗的人也取得了近千萬的貸款。

如何回收初期投資成本？

創業初期投資的成本一定要靠公司的營運賺回來。已經投資的固定資產，在耐用年數期間會被視為固定成本，也就是所謂的「**折舊**」。

耐用年數簡單來說，就是資產預計能使用的時間。因為設備和建築都會隨著時間逐漸老化，總有一天需要更換；

而且資產也會愈來愈沒有價值，因此必須根據使用年限，按比例分攤成每年的費用。

初期投資設備的費用將於折舊年限內分攤完畢。想像成類似汽車貸款，應該會更容易理解。

初期投資成本高的店家，固定成本更高，損益平衡點也會跟著上升。一家店若在外觀上過於講究，一旦顧客減少，就很難持續經營下去。

持續執行「PDCA循環」至關重要

無論公司規模大小，管理就是計畫、執行、查核和行動的連續過程。尤其是營運狀況不穩定的小型企業，當公司出現問題時，勢必要及早應變。

龍拉麵也經常在生意不錯的時期，來客數卻毫無預警大幅下降。原因有很多種，例如附近爆發新冠病毒的群聚感染，天氣突然變熱等等。有時候，我們甚至不清楚原因是什麼。

當然，八戶市感染新冠病毒的人數不像東京那麼多，但新冠疫情期間，即便在八戶市這樣的地方，還是有很多活動因為疫情被取消，連帶導致外食家庭數量大幅減少。不只我自己變得很少出門喝酒聚餐，小孩也因害怕感染而不想出門去人多的地

方，所以全家人幾乎沒有一起出外用餐的機會。

龍拉麵剛開店時（2020年10月），我們並沒有料到新冠疫情會持續這麼久。現在回想起來，我當時真的太天真了。雖說如此，只要我還在經營這家店，也只能走一步算一步了。龍拉麵透過研發新菜單和提高服務品質，經營一天是一天，設法在疫情的衝擊中勉強支撐下來。

畢竟如果什麼都不做，來客數是不可能增加的。龍拉麵一直試圖創新，嘗試各種策略來開發新客人。

例如在炎炎夏日時，我們購買刨冰機並免費提供「迷你刨冰」給客人享用。我們也曾經在預期來客數不會太多的雨天提供免費加大的服務。

但是這些努力不一定都會導向好的結果。如果沒有達到預期的效果，就必須重新擬定戰略，調整後再次執行。

這就是所謂的PDCA循環（循環式品質管理）。計劃（Plan）、執行（Do）、查核（Check）和行動（Act），就是我的日常管理工作。透過每天不斷嘗試和修正，努力在過程中一步一腳印地成長邁進。**如果一家普通的拉麵店偶爾會試著挑戰推出一些二郎系拉麵類型的不同風格菜單，其實就代表這家店正在努力創新。**

PDCA循環（以龍拉麵為例）

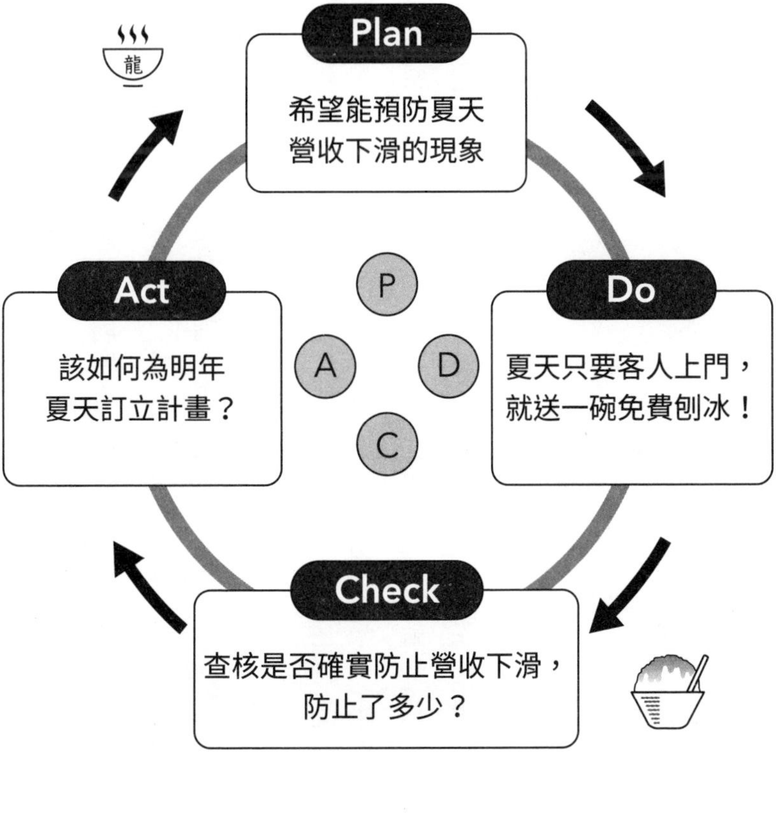

Plan
希望能預防夏天
營收下滑的現象
Do
夏天只要客人上門，
就送一碗免費刨冰！
Check
查核是否確實防止營收下滑，
防止了多少？
Act
該如何為明年
夏天訂立計畫？

數字是引導經營方向的指標

若沒有會計數字引導我們朝正確方向前進，我們就無法制訂計畫，也不能確實衡量策略是否有效。你的目標是在鬧區開一家排隊名店？還是開一家即使客人不多也能持續營業的町中華餐館？抑或是打造前所未有的全新滋味來吸引狂熱粉絲？僅僅是開一家拉麵店，就有這麼多種經營策略可供選擇。

在商場上，產品和策略的組合無窮無盡。就像在野生環境裡生存，只有適應環境的企業才能活下來；不符合時代需求的企業總有一天會耗盡資金，退出市場。

隨著資訊科技的進步，時代變遷的速度也變得愈來愈快。無論環境與時代如何變遷，學習運用管理會計來跟上腳步，試著在商界這個殘酷的荒野中活下來吧！

以小魚乾為基礎設計菜單

龍拉麵的菜單是以小魚乾為基礎去設計的。我們的菜單有用小魚乾和雞肉一起熬成的濃湯——濃厚煮干（780日圓）；從小魚乾和鯖節提煉的清湯——淡麗白醬油（680日圓）；每碗使用100克小魚乾熬成的煮干湯頭拉麵——煮干100（860日圓）；以及融合番茄和小魚干的義大利風味拉麵——番茄煮干（780日圓）等。

使用小魚乾作為關鍵食材，純粹是因為我自己的個人喜好。每次吃自己做的拉麵，都覺得有夠好吃。雖然龍拉麵要成為一家受歡迎的人氣拉麵店，還有很長一段路要走，但是每當遇到跟我一樣喜歡拉麵的客人跟我說「很好吃」，總是會讓我心花怒放。這和我在本業的事務所得到的一句「謝謝」，是截然不同的快樂。

另外還有一個原因，是小魚乾的烹煮時間較短。經營龍拉麵是我的副業，因此我沒辦法花太多時間在這家店上面。

假設有一家拉麵店以豬骨為主要食材。他們不只要準備大尺寸的高湯鍋，而且即使是營業時間，也要一直撥出時間顧湯頭。因為豬骨、牛骨是比較硬的食材，需要熬很長的時間才能煮出鮮味，所以花上十小時熬湯的情形並不少見。

相較之下，用小魚乾和柴魚熬湯頭，很快就能熬好了。因為體積很小，所以只要一煮軟，就會馬上被熱水煮透。龍拉麵的湯頭只要早上花大概兩個小時左右，就能準備好。

龍拉麵的營業時間是早上11點到下午2點。地點雖然在市政府附近的公會堂，但人潮不多，入夜之後幾乎沒有人經過。就現實狀況來說，晚餐時段營業不太實際。因此，我們決定只營業午餐時段。

除此之外，由於準備時間從早上9點開始，結束後清理店鋪大概到下午3點，因此在店裡的工作時間大概只有6個小時左右。基於上述現實考量，我們難以持續供應以動物大骨熬煮的湯頭。

不過雖然有這些限制，如果真的非得使用豚骨湯頭，也可以透過採購的方式購入現成湯頭。只是我覺得，如果要吃外面買來的湯頭，去連鎖店就可以吃到了，沒有必要特地開一家店來供應現成湯頭。

就我個人而言，無論湯頭有多美味，一旦我發現那是採購的現成湯頭後，總是會有點失望，而且我也不想再去吃那家店（雖然使用現成湯頭的店似乎意外地多）。龍拉麵供應的所有湯頭，都是每天在店裡現場熬製的。

主打菜單精簡為四種

龍拉麵的主打菜單有四種，分別是濃厚煮干、淡麗白醬油、煮干１００和番茄煮干。

這是在工作時間限制以及壓低食材費考量下的妥協結果。每次思考如何提高營收時，我就會想加賣更多品項，說實話，我也很想賣炒飯或煎餃來豐富附餐的選擇。

若情況允許，我也想在店裡賣酒。拉麵的成本率無論如何都只能控制在30%左右，可如果加入燒酒兌水或Highball等酒類商品，就能進一步拉低成本。

正如我在說明町中華餐館時（參閱本書第121頁）提到的一樣，酒類商品不僅成本率低，還有助於提升客單價，就餐廳經營的角度來說，是非常有吸引力的商品。但因為龍拉麵受限於公共設施的規定，再加上我們只營業午餐時段，所以無法將這個想法付諸實行。

這是我的缺點，好像一種職業病似的，總是挑選低風險的那條路走，滿腦子都在想怎麼做才能避免虧損。事業若要成長，勢必需要投資，但我總會更偏向避開風險的穩健策略。

而這份菜單，就是妥協的結果。菜單品項中的湯頭，大致選用彼此皆可兼用的食材。只有雞肉是動物食材，其他大部分的食材都是小魚干、柴魚、魚粉等乾貨。

乾貨除了相當節省空間外，大多數的產品都可以長期保存，因此可以盡量壓低存貨風險。就算來店的客人不如預期，也幾乎不會造成太大的損失。

但這個選擇並非只有優點。由於喜歡菜單品項豐富的客人不在少數，對這類型的客人來說，只要來個幾次就膩了，很快就不會再上門消費。此外，菜單裡面沒有針對老人和小孩設計的菜色，所以對一些家庭來說可能會猶豫要不要來。

承擔風險並帶領公司快速成長，是每個經營者必經的道路。這對本職是士業的我來說，由於士業的風險非常低，因此我相當缺乏這方面的經驗。所以我希望自己可以和這家店一起累積經驗，以便進一步成長。

第3章

拉麵店有效「運用資金的方法」

01 肉類是變動成本，房租是固定成本

——怎麼做才能省下最多錢？

新冠疫情對人口較少的地方餐飲業也造成了巨大衝擊。

八戶市的人口約22萬人，雖是青森縣的第二大城市，感染人數仍遠低於東京、大阪等地。

儘管如此，一些零星感染者仍會在附近活動。與那些大城市不同，八戶市是一個小地方，只要有人感染，「哪裡的誰好像染疫了」的消息就會馬上口耳相傳起來。因此一旦染疫，就不得不關店或停止工作。大概從2020年3月左右開始，人們開始自主減少外出和群聚，外出用餐的機率也因此大幅下降。

和日本其他人口眾多的區域相比，八戶市很少被列入實施緊急事態宣言的城市。若未被納入緊急事態宣言的適用範圍，就無法獲得防疫補助金，反而陷入明明客人減少了、卻拿不到補助的困境。當室內餐飲業來客數持續下降，首先是經營韌性不足的個人餐館相繼倒閉，緊接著連飯店等大型設施也紛紛停業。

身處任何行業都會發生「意想不到」的事情

對很多人來說，新冠病毒的衝擊無疑是個意料之外的驚嚇。儘管「大流行（pandemic）」一詞已經具有一定知名度，但我認為幾乎沒有人實際去模擬並採取具體應對措施。

沒有人希望這樣的狀況再次發生，但是**無論在哪一個行業，都一定會定期遭遇類似的意外。**

除了新冠疫情之外，２００８年雷曼兄弟破產引發的次貸風暴，以及２０１１年日本３１１大地震，都是類似的突發事件。每一次的突發事件，一定都讓無數經營者陷入苦惱，並為了生存四處奔走。隨後，企業韌性不足的公司勢必因為無法承受損失而應聲倒閉。

不厭其煩地再說一遍，所謂「賺錢」，指的是最後你的手頭上還有剩餘的錢。**如果說「賺錢的能力＝資金力」，那麼到了緊要關頭，只要會賺錢，就能擁有更多選擇。**

讓我們回想一下第一章曾經提到的兩個拉麵店老闆，一位是什麼都憑直覺決定的丼振先生，另一位是澈底運用管理會計來經營的鹿理先生。從上述兩位老闆的例子，我們已經清楚理解，即使兩家店的營收一樣高，認真經營管理的那家店就是比

較容易賺錢。

採取「丼勘定」這種經營風格，只會導致手邊沒有任何盈餘。一旦設備故障、或是有換車需求時，往往就得透過貸款。

相對來說，若以管理會計為經營核心，就可以在設備需要更新之前，確保應該儲備多少資金。由於每次支出都以儲備來應對，長期下來利潤也積少成多，在某種程度來說，就能經常保有資金上的餘裕。

透過管理會計，培養應對意外的能力

意外總是突然來襲。無論是雷曼兄弟破產、日本311大地震，還是新冠疫情爆發，這些事件發生的那一瞬間，日常生活的一切都隨之改變。從2008年到2020年這十三年之間，這類危機事件就發生了三次之多。

儘管受影響的行業會因事件而異，但任何行業都有可能突然蒙受意想不到的損失，這點無庸置疑。

當這類緊急狀況發生時，鹿理先生所經營的拉麵店最有可能全身而退。而丼振先生因為手頭沒剩下多少錢，只要幾天沒有營收，就會付不出帳單。

鹿理先生擅於累積並管理利潤，因此即便沒有營收，還是能靠日常儲備下來的錢暫時周轉。此外，即便營收遲遲無法回復，但鹿理先生能預估自己需要多少現金流，因此可以提前申請銀行貸款等等。緊急狀況發生時，鹿理先生往往可以從國家或地方政府獲得補償。雖然在收到補助金之前通常得辦理手續，花上不少時間。

資金可謂企業的血液。沒有血液輸送，事業就不可能繼續下去。**企業的剩餘資金不足，就好像一個人過著每天貧血的日子，勢必難以維持。**

降低固定成本增加邊際利潤，是可行的方法嗎？

話說回來，什麼樣的事業既好賺又容易省錢呢？這個話題已經提過好多次了，讓我們一邊回顧，一邊思考看看。

我們現在已經了解，當營收超過損益平衡點時，就能獲利並有剩餘資金。

為了找出損益平衡點，必須把成本分為變動成本和固定成本，針對特性個別分析。以拉麵店為例，變動成本指的是肉類和麵條等食材費，而固定成本則是店租和人事費等支出。

提升「利潤」的方法

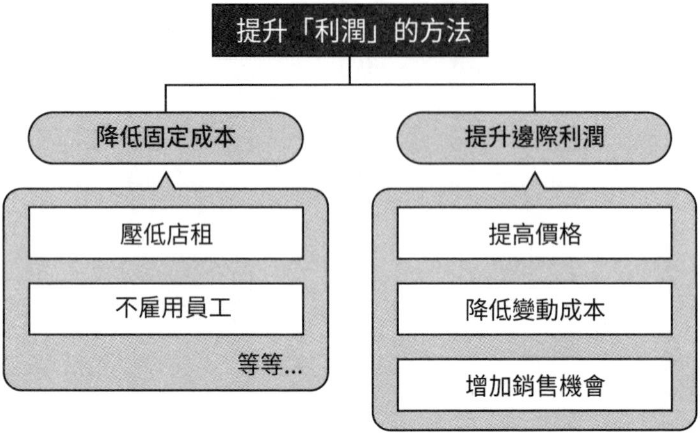

銷售所得扣除變動成本後的餘額，即為邊際利潤。就實務上來說，邊際利潤有時被稱為「毛利」，儘管確切來說兩者的定義略有不同。

要賣出一碗拉麵，就必須先準備一碗拉麵的食材。因此，從一碗拉麵的售價中扣除食材費後，剩下的部分就是這碗麵可以帶來的利潤極限。這就是剩下的部分被稱作「邊際利潤」的原因。

當不斷累積的邊際利潤和固定成本的金額相符時，就達到所謂的損益平衡點（請參閱本書第57頁的圖表）。只要邊際利潤足以負擔固定成本，後續的支出就只剩變動成本了，因此多出來的邊際利潤都會直接成為手頭上的盈餘。這也代表高於損益平衡點的銷售獲取的邊際利潤，將會成為實際的利潤。

接下來要進入重點了。請仔細回想之前學到的知識。獲取高額利潤的必要條件是什麼？

首先，當然是降低固定成本。這是因為固定成本愈低，損益平衡點也就愈低。可行的對策包含壓低店租，以及盡量不雇用員工。

另一個重點是提升邊際利潤。這是因為邊際利潤愈高，就愈容易超越損益平衡點。

提升邊際利潤的方法有三種。

首先是**提高價格**。以拉麵為例，如果食材成本不變，每碗拉麵的邊際利潤將隨著價格上漲而提升。

第二個方法是**降低變動成本**。即使價格不變，只要食材的採購價格降低，變動成本率也會跟著下降，這代表邊際利潤率將會提升，獲利的機率也跟著上升。

第三個方法是**增加銷售的機會**。例如排隊名店因為來客數非常多，即使每碗拉麵的邊際利潤較低，也能超越固定成本並確保利潤。如果人事成本沒有增加，例如店裡只靠老闆一個人運作，也可以透過延長營業時間增加來客數。

「終極好賺的拉麵店」有魅力嗎？

綜上所述，「終極好賺的拉麵店」的特色如下：

❶ 使用廉價的國外進口食材。肉類選擇便宜的部位，份量當然很少。
❷ 麵條和湯的份量都很少。
❸ 店鋪在租金便宜的深山，也不寬敞。土地面積小，停車場的數量也很少。
❹ 老闆自己備餐、料理、接客和打掃，如果有人排隊，還要維持隊伍秩序。
❺ 營業時間是早上6點到凌晨1點。
❻ 完全不購買付費廣告。只靠口碑和免費宣傳工具來吸引顧客。
❼ 店內當然不提供免費 Wi-Fi 等附加服務。甚至連電話也沒有。

各位覺得如何？看起來完全不像是能賺錢的樣子，對吧？想盡辦法賺錢，結果卻開了一家滿意度極低的店。如果搜尋美食網站，這家店感覺會充滿一顆星評論。人們可能會因為好奇這家店到底有多糟糕而來踩點一次，但是絕對不會再訪。

找出值得投入成本的關鍵

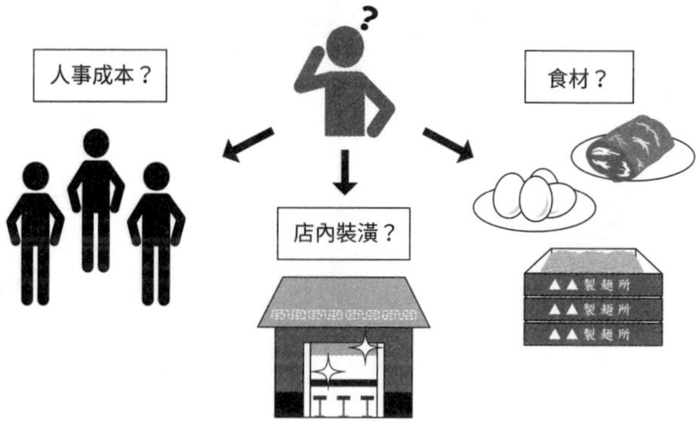

徹底考量應該在哪些地方投入成本

若在食材上投入成本，代表在提高拉麵品質的同時，變動成本也會上升。透過加大份量來提高顧客滿意度，也是一樣的邏輯。缺點是每碗拉麵的邊際利潤將會降低。

如果把店面開在人潮聚集的地點，就得花更多租金。同時，為了不讓客人等太久，還需要雇用人力來服務，導致人事成本提高。若為了宣傳店鋪而安裝招牌，就會產生廣告費。無論如何選擇，都得花費固定成本，結果造成損益平衡點升高。

分析這些因素，並**將成本投入在必要部分，最終確保利潤，這就是商業經營的本質**。至於經營策略有各式各樣的選擇，例如透過提高商品吸引力來提高價格，或是提升服務便利性以增加銷售機會等等。

參與者愈多的行業，競爭當然更加激烈。餐廳之所以這麼容易倒閉的其中一個很重要的原因，就是競爭的餐廳實在太多了。

不管做什麼生意，若要持續經營，唯一的方法就是找到屬於自己的市場定位，並建立有效的經營策略。

02 庫存損失導致全盤皆輸

——來客數可能因為突如其來的天氣變化而改變

學生時代的我，曾經在便利商店打工。偶爾天公不作美，就會突然下起預報以外的豪雨。我記得每到這種時候，老闆就會沉下臉，變得很焦躁。

這家便利商店位於一條工廠林立的幹道上。通常一到中午十二點，人潮就會湧進店內，把貨架上的食物一掃而空。大概賣到十二點半，飯糰和三明治就會開始缺貨，店裡的顧客還會要求我們「多進貨一點」。

但在下大雨的日子裡，這樣的日常就會徹底改變。即使過了中午十二點，也只有斷斷續續的零星顧客。貨架上有很多賣剩的便當和飯糰，到了下午一點、甚至兩點都賣不完。

大量的過期食物不斷往後廠的倉庫堆積。出身關西的老闆愁眉苦臉，一直在抽菸。

每次遇到這種日子，到了下午三點要下班的時間，老闆一定會把我叫住，一邊跟我說「多吃一點」，一邊遞給我一堆吃都吃不完的過期食品。對我這個窮學生來說，就像收到禮物一樣感恩。

所以，每次只要一下雨，我就會興奮地想：「今天會拿到什麼便當呢？」然後一邊工作，一邊期待下班時間到來。

天氣狀況如何，應該要介意到什麼程度？

二十幾年後，我自己也成了經營拉麵店的老闆。早上起床時，如果發現正在下雨，就會不禁「唉……」地嘆口氣，心情一下子變得很低落。

龍拉麵所在的八戶市公會堂，從停車場或市政府過來需要步行一段距離。每次一下雨，不管是市政府的人，還是開車來公會堂的遊客都會減少。和晴天的日子相比，人數通常只剩一半左右。

想當然爾，龍拉麵的營收也會大受影響。因為不管晴天雨天，人事費和店租都要照付，所以只要一碰到下雨，店裡就可能產生虧損。

一樣是做生意，如果是服飾店和文具店，遇到雨天應該就不會像餐飲業老闆那麼憂鬱。因為剩下來的商品，都還是可以放到隔天繼續賣。就算一、兩天沒有顧客上門，商品也不會過期。

但另一方面，餐飲業卻得面臨業界特有的嚴峻狀況。**餐飲業要面對的困難是，即使遇到下雨天，有些時候來店的顧客還是跟晴天時一樣多**。如果顧客連雨天都特地來店用餐，拉麵卻售完，相信這些顧客應該就不會再上門了。

這麼一來，為了不讓客人失望，我們還是不得不準備與平常相同份量的食材。但是如果客人不多，湯和叉燒又會用不完。

雖然可以把剩下來的食材冷藏或冷凍在冰箱裡，但也不可能冰太久。因為時間一久，食材的風味就會流失。尤其是湯頭，不可能再端出來給客人享用，肉類的美味也很容易隨著時間流失，只能保存很短的時間。

如果當天上門的客人出乎意料地少，也就只能把剩下來的食材都丟掉。

那些被丟掉的食材，當然都是花錢買的。所以如果來客數少的日子持續好幾天，心情一定愈來愈沉重。

只要店還沒倒，無論客人是多是少，都要付給員工固定的薪水。除此之外，**只要老闆必須丟掉庫存食材，就等於他們把購買食材的錢也一起丟掉了**。

現在的我終於明白，當時打工那家便利商店老闆的心情。

餐飲業和賺錢生意是相反的兩碼子事

企業家堀江貴文曾提到「商業的四個原則」，分別是：❶利潤率高、❷無庫存、❸收入定期定額和❹小資本就能創業。餐飲業是否符合，讓我們一項一項來驗證。

❶利潤率高

所謂利潤率高的行業，通常是指那些零成本的行業。撰稿人及擁有士業執照的專業人士就是這種行業。他們不必為了提供服務支付變動成本，所以成本通常趨近於零。另一方面，餐廳的成本率通常在30%左右，零售商店的成本率甚至更高。

❷無庫存

許多類型的服務業都符合無庫存這項指標。例如承接各種委託的「便利屋」、幫忙安裝冷氣或漏水的維修公司等，都不需存放任何庫存。

可是對拉麵店來說，沒有食材就煮不出拉麵，因此至少要準備一台大冰箱來存放當日需要的食材。

❸收入定期定額

近年來隨著網際網路的普及，以定期定額收益模式提供特定服務的企業急速增加。Netflix和Amazon Prime等訂閱服務就是典型的例子。另外，像是從以前就有的，稅理士和律師等專也人士提供的顧問契約，也是這類型的服務之一。

若能擁有定期收入，就能更輕鬆預估營收，支出預算也就更容易編列，因此可以執行更積極的廣告策略。

相較來說，餐廳可說是非常不穩定，因為光是下雨這個變因，就可能導致來客數減少一半。

❹小資本就能創業

提供網路服務不需租用店鋪或辦公室，小資本就能創業。需求愈來愈高的影片剪輯師和接案工程師等職業，也只要有一台電腦就能開始。如果對器材不特別講究，大概不到100萬日圓的資金就能開啟你的事業。

我開龍拉麵時，租的店面有附家具設備，唯一購買的器材是餐券機。即便如此，開店前我還是花了100萬日圓左右。就餐廳來說，這個金額其實相當低，但這代表開餐廳無論如何都要花上一筆錢。如果內外都重新裝潢再開店，初期投資就超過1千萬日圓的狀況其實並不罕見。

提供網路服務比開餐廳更賺錢嗎？

就獲利條件來說，這四項原則方向正確，只要能滿足這四項原則並同時確保營收，就等於保證了利潤。因為這種生意幾乎不花成本，也幾乎不會發生店鋪火災或器材故障等預料之外的狀況。

符合上述條件的行業通常透過網際網路提供，也就是所謂的「知識付費產業」。

這類產業的確能夠獲利，但要持續透過知識內容確保收入，並不是一件簡單的事。坦白說，大多數商品都令人懷疑它的價值。

沒有價值的內容即便一時熱銷，但因為無法建立口碑，自然也不會吸引願意持續付費的回頭客。這使得維持一定額度的營收變得相當困難。

常常看到一些廣告在教人家怎麼簡單賺錢，例如「靠副業簡單賺到１００萬」、「1天點1次連結就能賺1萬」，還有「任何人都能成為顧問賺取千萬年收」的方法云云。很可惜，這個世界並沒有那麼好混。我在這裡跟大家保證，這些廣告沒有任何價值可言。

餐廳是不該做的生意嗎？

如果以上述四個原則的角度來審視餐飲業，就會發現，開餐廳真的是吃力不討好的行業。因為它完全不符合上面任何一個原則。

事實上，龍拉麵開店後一年內，附近的拉麵店至少倒了五家以上。如果把所有種類的餐廳都算進去，倒店的超過十家以上。連總人口只有22萬人的八戶市，餐廳倒閉的狀況都這麼頻繁，這就是餐飲業面臨的現實。同時，新開幕的餐廳和倒閉的餐廳一樣多。然而我想表達的重點，並不是「因為高風險，所以不要開餐廳比較好」。每個人的價值觀和對幸福的定義都不盡相同。

對我來說，不管能賺多少錢，我都不想像知識內容產業那樣，靠著欺騙不懂的人來賺大錢。與其這樣，我寧願盡全力去煮一碗只能賺幾百塊的拉麵，因為聽到客人說「好吃」，才能讓我感到幸福。

雖說如此，如果事業進展不順利，情況就可能失控，把你的人生攪得一團亂。所以我真正想說的是：「**希望所有創業者都能在正確評估風險的前提下，避免犯下太大的錯誤。**」為此，請務必掌握管理會計的知識，並在創業的過程中活用它。

03 即使不賺錢，房租也不會改變——其實很恐怖的「固定成本」

2021年8月29日下午2點，手機響起時，我正在附近的公園和孩子們玩。

因新冠疫情爆發，政府突然要求停業……

「公會堂將於9月閉館1個月。請各店家配合並於此期間暫時停業」——這個突如其來的通知，來自八戶市的公務人員。其實在接到電話前，我就已經有預感了。因為那一年8月中旬，青森縣的感染人數開始大幅攀升。

我的鄰居和一些認識的朋友，也都陸續感染新冠肺炎。

「因此，將免除2個月的租金……」聽到這裡，我開始感到頭暈目眩。遠遠地，我聽到大兒子在生氣，因為我一直不陪他玩。距離停業的日子，只剩下兩天。

現有的在庫食材幾乎全部變成虧損。店裡面還有一些兼職人員靠工資維持生計。

我已經排好班表，時間也都調整好了，事到如今我不能因為「臨時停業」而不發他們薪水。

不開店照樣虧錢

龍拉麵的固定成本包含人事費、店鋪租金、顧客停車場租金和員工停車場租金等。**即使不開店，原則上固定成本也不會變成零**。

從另一個角度來思考，公會堂是一個比較特殊的例外。因為一般來說，屋主也要向金融機關還款並繳納土地房屋稅。如果店休就不用繳租金，那屋主（房東）就沒有錢繳這些費用了。所以，**不管出租的店鋪狀況如何，房東還是一定要收租金**。

租賃店鋪時，出租人和承租人會訂立一份租賃契約書。合約中載明了各種條件，在租賃期間，承租人將依照合約規定使用店鋪空間並支付租金。一般來說，合約通常不會有停止營業得以減免租金的條款。

一旦無法營業，當月就不會有任何收入。因為沒有採購食材，所以也不會有變動成本。但是，固定成本仍會按時產生。

根據八戶市政府公務員的說法，除了免除店鋪租金之外，其餘固定成本以及庫存耗損的金額，將由店家自行承擔。在沒有任何補償的狀況下，店家自行承擔的虧損總額估計超過50萬日圓。

很多人以為緊急事態宣言發布就有補助金，但其實未宣布地區的餐廳通常不會收到任何津貼或營業補償。縣或市的行政機關偶爾會發補助金，龍拉麵大概收到20～30萬日圓左右，但這類津貼一年合計也不到100萬日圓。

跟東京和大阪比起來，八戶市的疫情爆發期間較短。儘管如此，人們自主減少外出群聚的影響仍然很大，許多餐廳的營收都因此大幅下滑。對於夜間供應酒水的餐廳來說，跟新冠疫情爆發之前相比，營收下降八成的情況並不罕見。我相信幾乎所有地方餐飲業者的處境都非常艱難。

我不想什麼都不做就等著賠錢，所以抱著必死的決心和市政府官員交涉。我發揮耐心，不停地向他們解釋，不能開店還是有很多帳單要付，而且遇到這個狀況店家也很無辜。雖然過程花了不少時間，但最終他們接受了我的請求，龍拉麵得到了一定程度的補償。同時，我也得以申請停業補助款。如果什麼都不去嘗試，所有費用都會成為我的負擔，真的光想就令人心驚膽跳。

投資需維持平衡

讓我們再複習一次。所謂的固定成本，指的是即使產量或營收增加，每月金額仍不會因此改變的支出項目。除了店鋪租金之外，典型的固定成本還包含月薪、日薪等人事費，以及定額的廣告宣傳費和電信費等。

開業後不到一個月就倒閉的案例固然相當極端，**但營收在短時間內銳減，卻是所有行業都可能面臨的情況**。像類似龍拉麵這樣的餐廳店家，如果老闆或店長因病長期住院，可能就得關門了。

雷曼兄弟破產事件發生時，我當時任職的化學工廠也受到了相當程度的影響。當時，工廠製造的大部分商品都銷給企業，但隨著各家像我們進貨的廠商開始降低生產量，我們的訂單也一下子銳減。那家公司的經營狀況一直十分穩定，幾乎從未發生過赤字虧損，但在雷曼兄弟破產事件當時，卻因訂單銳減而導致營收一時之間大幅下降。

營收下降的可能原因，除了這類型的突發事件外，也可能源於競爭對手的出現。此外，如果公司的營收大多依賴少數幾個合作夥伴，那麼一旦這些合作夥伴終止合約或破產倒閉，公司也會因此遭受極大的損失。

雖然形式各有不同，但每個企業都必然有面臨危機的一天。

做好準備，以防萬一

因此，為了在緊要關頭時不致倒閉，**公司必須盡力追求更高的營收**。為此，我們可以考慮採取各種不同的策略來達成這個目的。

以拉麵店為例來思考看看吧！最直觀的方法，就是提高商品品質。為了煮出更美味的拉麵，可以嘗試增加雞骨頭的用量，或是改用品牌豬肉來製作叉燒，不過無論如何，這些都會增加食材的成本。

當變動成本上升，邊際利潤也會隨之減少，因此若要以上述方式提高商品品質，就必須同時提高定價，否則每碗拉麵的利潤將會減少。若是無法提高銷售價格，代表邊際利潤的上升幅度將會趨緩，這意味著在提升品質之後，唯有賣出更多拉麵，才有可能確保盈餘。

下一個常見的方法是投放付費廣告。以拉麵店來說，可以考慮在當地的美食雜誌刊登廣告文章、在店門口安裝大型看板，或在數位看板上播放影片等方式。不同媒介會產生不同的廣告效益，不過一般來說，觀眾愈多、效果愈明顯的媒介，需花費如何決定該採取哪一種策略？

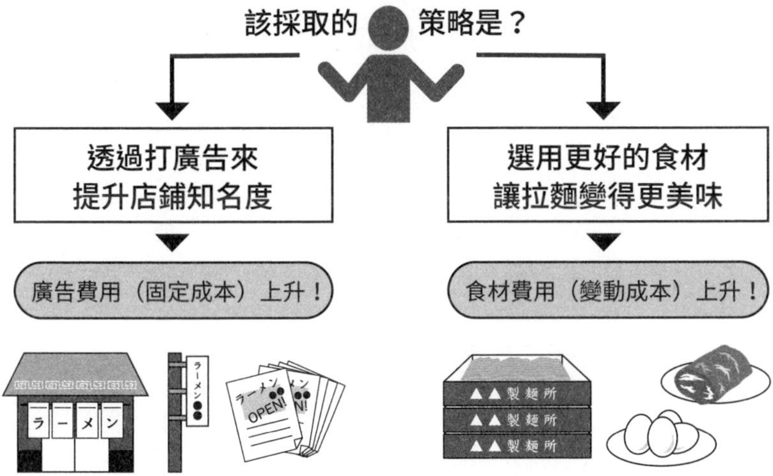

的成本就愈高。

以龍拉麵附近的廣告媒介為例，沿著幹道鋪設的廣告看板，租金至少要價3萬日圓，在報紙上刊登店鋪名稱，則至少要價2萬日圓。這些都是一般行情。

一般的廣告只要簽訂合約，費用就固定下來了，不管營收是否增加，廣告費用都不會改變。這將導致固定成本上升，同時拉高整體的支出。和變動成本上升的狀況相同，除非賣出更多碗拉麵提升營收，否則將無法確保利潤。

思考什麼是當下的最佳選擇

我們應該根據當下的情況，來決定要採取什麼樣的策略。

就拉麵店而言，如果顧客對味道評價不高，問題可能出在品質，那麼店家就該改善產品本身，提供更美味的拉麵。另一方面，如果顧客的回饋多半是「好吃但有點偏遠」、「很少人知道這家店」，那麼把店鋪搬到更方便抵達的地點，就很有可能提升營收。

兩者之間的差異，在於投資失敗後造成的影響。**由於變動成本會隨著營收上升而增加，所以即使該策略沒有成功提升營收，整體支出也不會因此大幅增加。另一方面，由於無論銷售狀況如何，都不會改變固定成本的支出需求，因此若採取某些提高固定成本的策略，就必然導致整體支出的增加。**

無論做什麼生意，公司若要成長，一定需要投資。事先了解各項投資方式的優缺點，在適當管理風險的前提下實行吧！

04

有沒有降低固定成本的好方法？

——最簡單的方法就是「靠自己最好」

龍拉麵開業至今，已經過了一年半左右。我對於經營一間餐廳有多困難這件事，有了更深刻的感觸。不努力提高商品知名度，顧客就不會上門；不開發新商品，顧客很快就吃膩了。

店裡的工作人員也不是隨便都請得到。我的目標是將龍拉麵打造成一家「友善員工餐廳」，因此我不對員工生氣，也盡可能同意員工突如其來的換班，時薪也很優渥。即便如此，還是很多人很快就辭職了，所以我們一直持續招聘員工。

「ＦＬ比率」和「ＦＬＲ比率」是餐飲經營的重要指標

若要提升營收，就不能碌碌無為，因此收支管理非常重要。

餐飲經營有一項稱為「ＦＬ比率」的重要指標。Ｆ代表Ｆｏｏｄ、Ｌ代表Ｌａｂｏｒ，兩者指的分別是食材費和人事費。

ＦＬ比率這項指標，是指食材費和人事費這兩項成本，在整體營收中占的比例。

ＦＬ比率＝（食材費＋人事費）÷營收

餐飲店的成本主要集中在這兩項成本上。因此，為了達到穩定經營的目的，就必須將ＦＬ比率控制在適當的範圍。

儘管該比例會依產業需求有所差異，但一般來說，食材費用控制在30%左右，是較理想的狀態。然而，雖然一樣都是餐飲店，翻桌率高的二郎系拉麵和位置隱密的隱藏版咖啡廳，兩者的經營型態就完全不同。

舉例來說，只靠一位主廚和一位侍應生就能營業的法式小餐館，由於客單價高、人事費低的特性，就能在食材上做較為奢侈的選擇。另一個例子是咖啡廳，由於客單價較低，加上不鼓勵外帶的話翻桌率就會變得很低，導致若不根據座位數量來壓低食材成本，就很難獲利。

儘管不同產業的需求不同，但是一般認為**ＦＬ比率維持在60%左右為理想範圍**。如果ＦＬ比率高於這個數字，基本上就很難確保利潤。

此外，大部分的餐飲店都是租用店鋪空間來經營，**若能將店鋪租金控制在整體營**

收的10%左右，就可以持續穩定經營。

也有人將食材費、人事費和店租這三項成本在營收中的占比，稱為「**FLR比率**」。

FLR比率＝（食材費＋人事費＋店租）÷營收

R代表Rent，指的是店鋪租金。一般認為，**FLR比率最好控制在70%左右較為理想**。

龍拉麵的FLR比率

以龍拉麵為例來說明。龍拉麵的食材費一般控制在營收的30%左右。由於食材費是變動成本，因此會隨著拉麵的銷售數量增加。只要庫存耗損低，這項費用的比率就不會偏離預測太多。

而人事費和店租是固定成本。固定成本的特性是營收愈高，比率隨之下降；營收愈低，比例隨之上升。

龍拉麵一個月的人事費是35萬日圓，店租金約10萬日圓。最繁忙月份的營收約為140萬日圓。根據上述情況，可以算出FLR比率如下：

（140萬×0.3＋35萬＋10萬）÷140萬＝0.62

在每月營收為140萬日圓的狀況下，FLR比率僅62%，利潤可謂相當豐厚。

營收下滑使FLR比率變得更加嚴峻

當龍拉麵附近爆發一連串的新冠疫情時，龍拉麵的月營收減少至85萬日圓，接下來我們就以該月份的營收為基礎來計算。

（85萬×0.3＋35萬＋10萬）÷85萬＝0.83

根據計算，該月份的FLR比率高達83%，最終也產生了赤字虧損。

FLR以外的支出成本

經營一家店，除了FLR之外，還需支付水電瓦斯費，以及購買廚具及調理器材等消耗品的費用。把這些費用加一加，龍拉麵每個月大概需支出15萬到20萬日圓左右的成本。

讓我們反推回去看看。假設水電瓦斯費和其他雜支費用各占比10%。在此情況下，**若想將利潤維持在10%以上，FLR比率就不能超過70%，因此必須透過管理，將FLR的支出控制在這個範圍**。

為了實現穩定經營的目的，審視變動成本和固定成本並降低損益平衡點，是至關重要的一環。

雖說如此，極端的作法對於穩定整體經營並無幫助。

以龍拉麵為例，假如為了降低變動成本，我決定調整食材，把「小魚乾的用量減少50%」，肉類換成因滯銷而長期冷凍的特價品，麵條也不再特製，改為向超市採購市售麵條」。這麼一來，龍拉麵會開始變得不好吃，最終導致客群流失，轉眼間就會面臨倒閉的命運。

降低損益平衡點並非萬靈丹

顧客對商品的品質很敏銳，假如為了節省成本，使用劣質食材或減少份量，一定會被顧客發現。雖然到了緊要關頭，適當控制成本是不得不為的必要之惡，但一口氣把份量減半，或改用等級低很多的食材，大部分的客人就再也不會上門了。

自2010年代後期以來，全球糧食價格飆升，日本國內製造商紛紛採取減量不加價的定價策略，在實質上調漲價格。

這個現象引來消費者的嚴厲批判，甚至出現「份量不知不覺減少了的商品」這樣的彙整網站。

對於客戶眾多且經營實力堅強的大企業來說，暫時性的顧客流失影響或許不大，但對中小企業來說，卻是相當棘手的問題。不只餐飲店可能沒有資金餘裕，許多中小企業也處在資金緊張的狀態。若公司聲譽受損進而導致銷量下滑，就可能陷入倒閉危機。

因此一般來說，**若要削減成本，通常會優先考慮對品質影響較小的部分**。

例如，減少影印紙張的用量，或是後台辦公室改用更廉價的文具等，透過持續累積微小的努力，來降低成本支出。

自己的工作時間自己決定

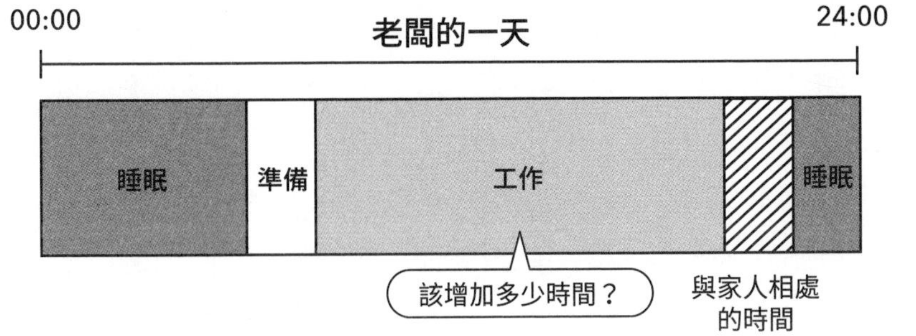

利用「時間」來降低固定成本

在所有的成本當中，最可能成為削減目標的是人事費。這是因為店租一旦簽約後就很難改變，而人事費可以透過減少加班、減少雇用計時人員等方式來調整。

除此之外，取消店鋪的付費服務，也可達到削減固定成本的目的。

先盤點一下固定成本有哪些吧！在固定成本當中，包含了許多定期付費使用的服務，例如雲端會計服務使用費、廣告費和辦公室清潔費等等。這些都可以改為靠自己完成。

對小型企業的經營者來說，節省成本最有效的方法，就是投入自己的時間。

其中最直觀的，就是餐飲店聘僱打工計時人員的人事成本。如果從早上的打掃到準備食材、料理和打烊後的掃除等工作都靠自己完成，就能節省雇用計時人員的支出。

以手寫帳冊替代線上的會計系統來省下服務費用。至於廣告費，如果自己製作傳單張貼在外或到車站前發放，需支付的費用就只剩影印費了。店內打掃也一樣，不聘請專業打掃人員、也不讓店內工作人員負責，靠自己一切免費。

工作、生活的時間如何平衡？

當然，停止愈多上述服務，花費的時間和精力就愈多。雖然可以達到節省成本的目的，但負擔都將集中在老闆身上，甚至連陪伴家人和朋友交際的時間都沒了。

此外，雖然每個行業狀況不同，但**在大多數情況下，經營者與其將自己的時間花在節省成本，不如將精力投入可能提升營收的業務上**。話說回來，如果因為新冠疫情的衝擊，面臨不能跑業務且時間相對充裕的情況，或許這類削減成本的方式就有機會被實現。

只要願意犧牲自己的時間，削減固定成本就會變得相對簡單。中小企業的經營者經常思考應該採取什麼樣的對策，才能有效確保利潤。經營者自己本身，也是這張棋盤上的一枚棋子。

話雖如此，如果因為弄壞身體導致生意做不下去，等於是賠了夫人又折兵。因此一邊權衡利弊，一邊審慎考量要在哪些服務上投入或削減費用，對經營者來說是至關重要的功課。

05

如何因應食材物價上漲？

——物價一旦上升，就很難下降

受新冠疫情影響停業一個月後，2021年10月，龍拉麵迎來了開店一周年紀念日。我接二連三收到令人頭痛的消息，那就是食材費和水電瓦斯費接連上漲。

首先是小麥價格上漲，這影響到採購麵條的價格。日本國內供應的小麥約有九成來自海外進口，由政府統一大量採購，再供應給國內的製粉工廠。製粉工廠會將小麥加工成麵粉，再出售給製麵廠或麵包廠等業者。

小麥價格飆升牽涉到許多原因，包含中國消費增加、飼料需求上升、美國農作物歉收，以及船隻短缺造成的運輸成本增加等等。2021年10月，日本政府公布的小麥批發價格較前期上漲了19%。緊接著新年一過，由於世界知名的小麥生產國烏克蘭爆發戰爭，自2022年4月起，小麥價格較前期進一步上漲了17.3%。這連帶影響到飼料的價格也開始攀升，可以預期肉類產品的價格也將全面調漲。

除此之外，電費和瓦斯費也漲價了。新冠疫情的影響逐漸緩解是其中一個原因。隨著工廠啟動生產和人們開始積極往來移動，原油和煤炭的使用量也增加。再加上

原料成本一旦上升就很難下降

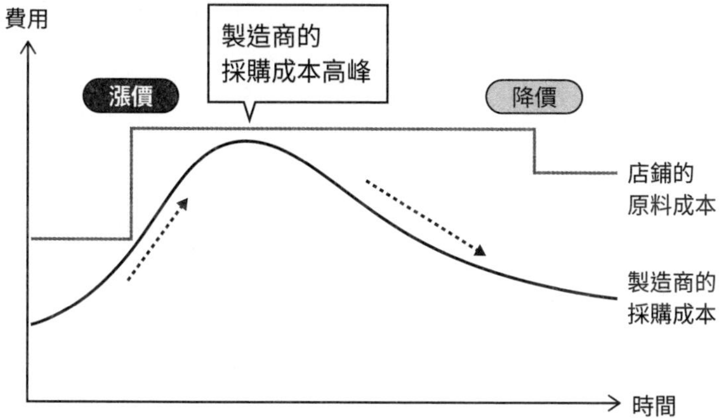

戰爭引發的能源危機，和開業當初相比，龍拉麵的電費和瓦斯費均上漲超過5%。

漲價幅度最有感的，當屬沙拉油這類的食用油。龍拉麵在煮小魚乾時會用到沙拉油。每次購入沙拉油時，都有一種「好像比平常貴……」的感覺，但在2021年夏天過後，沙拉油的價格突然一口氣飆升。

原因包括大豆和油菜籽產量減少、中國和印度等國需求增加、因地球暖化改用生物燃料等。與2021年1月年初時的價格相比，10月的零售價格終於翻漲到兩倍以上。我稍微查了一下，短短一年間已經漲四次了。雖然店內的使用量並不大，還是默默對成本率的上升造成了一定影響。

原料成本不會馬上降價

當原料成本飆升導致供應商調漲價格，必然會直接衝擊店鋪的財務狀況，但是原料成本下跌時，對店鋪經營者來說卻經常無感。

製造商也在盡力維持價格，即使原物料的批發價格略有上漲，也不會馬上調高零售價格。因為，**如果突然調漲價格，很可能會嚇跑消費者，最終影響到自己的利潤**。然而如果原物料的價格和這次一樣，一口氣飆升到無法自行吸收的地步，製造商當然也會同時調高零售價格。

也就是說，漲價通常不會直接波及到消費者，而是在某種程度上先被製造商吸收了。就結果來說，**處於生產者和消費者之間的企業，扮演了緩衝的角色**。

由於在原物料價格上漲時期，供應商的利潤勢必減少，因此當原物料價格下跌時，理所當然地，他們必須收取更多利潤，以確保公司能持續經營下去。正因為如此，**即使全球原物料價格飆升的狀況趨緩，市場回穩，消費者也不會馬上感受到**。面對原物料成本上漲，所有店鋪的經營者，包含我自己，都在為了如何應對增加的成本而不斷苦惱著。

什麼是五力分析？

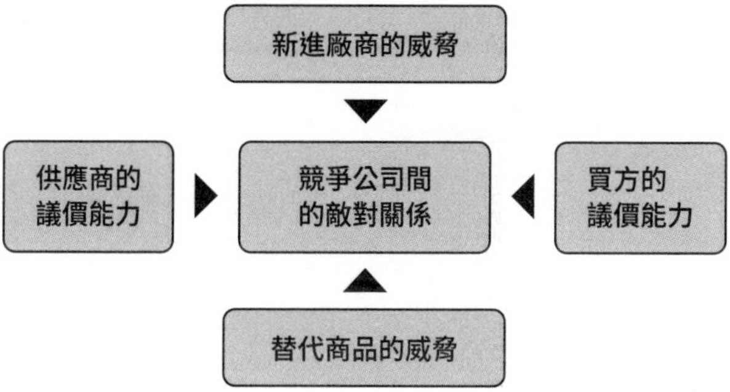

小規模拉麵店的利潤結構，本就嚴峻

為什麼我經營拉麵店，食材成本會說漲就漲？因為**像龍拉麵這樣的小型企業，實在沒有和供應商議價的能力**。小型企業就像一般家庭消費者，只要市場價格一上漲，就會直接受到影響。

接下來要談的概念比較難，但可以幫助你分析自己公司的環境。這個概念稱為「**五力分析（Porter Five Forces）**」。

五力分析架構的概念，是透過分析五種相關因素，來解讀產業的利潤結構。「Force」即為「威脅」，意指競爭的結構性因素。

五力分析將公司所處市場的威脅分為五大類，目的是明確分析出業界利潤結構，並同時挖掘公司的競爭優勢。這是美國管理學家麥可．波特（Michael

議價能力因店鋪規模而異

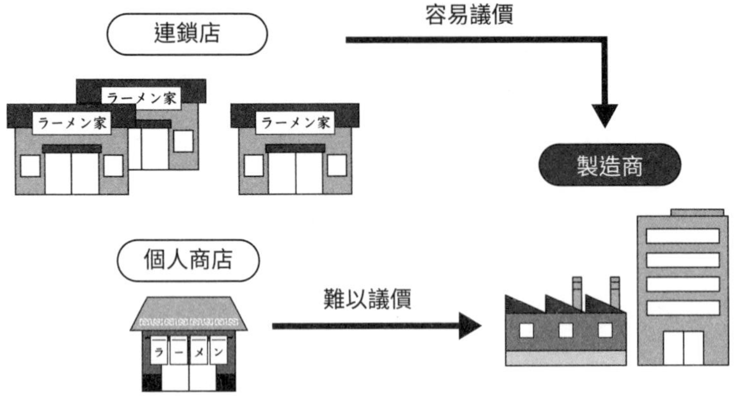

Porter）所提倡的產業分析方法，被廣泛運用於評估產業競爭力。

各位讀者不用花心思在細節上鑽牛角尖。只要知道「有一個方法可以分析公司在產業當中是否能獲利」就行了。

這五種力量分別是「**買方的議價能力**」、「**供應商的議價能力**」、「**新進廠商的威脅**」、「**競爭公司間的敵對關係**」以及「**替代商品的威脅**」，這些因素所帶來的威脅，決定了整個產業的獲利能力。簡單來說，五力愈強的產業，整體利潤愈低，愈難吸引公司加入市場。

我要提出來一起思考的是「**供應商的議價能力**」這一項。這裡提到的「供應商」，指的是銷售原物料的公司。對拉麵店來說，也就是肉鋪和超市。

所謂供應商的議價能力是指，假設**供應商**

擁有較強大的議價能力，代表企業議價能力較低，沒辦法主導採購價格，那麼只要環境一發生變化，變動成本的比率就會上升，導致獲利能力下降。

接下來套用拉麵店的例子來思考。以龍拉麵採購食材的狀況為例，我們每個月向肉鋪購買肉品約8萬日圓、向超市購買食材約4萬日圓，並向製麵廠商購入麵條約7萬日圓。價格調整時，廠商不會事先跟我們協商。我們通常只會單方面收到「從下個月開始價格調漲如下」這樣的通知。

議價能力，指的是能夠主導價格走向的能力。大量的消費者和餐飲店都向超市和肉鋪購買產品。如果我揚言「只要漲價我就不買！」，勢必只會得到「請到別處購買」的回覆。

在超市的營收當中，我的消費金額占比微乎其微，因此即便我拒買超市的產品，也幾乎不會造成任何效果。如果超市連我這種占比的店家都同意降價，那麼其他店家一定也會提出同樣要求，這將導致降價帶來的負面影響急遽擴大。

為了避免採購價格上漲，建議選擇多個供應商，並做好在緊急狀況下減少合作或更換供應商的準備。

雖說如此，由於小型個人商店沒有議價能力，因此替代的供應商同樣會在原物料價格飆升時提高價格。**所以就現實層面來說，我們別無選擇，只能接受漲價的事實。**

議價能力因規模而異

同樣是餐飲業，如果採購方是大型連鎖企業，而供應商是小型肉鋪，又會發生什麼事呢？在這種情況下，供應商大部分的營收都來自連鎖企業的訂單。假設這家連鎖企業放話「只要漲價就終止採購」，這對肉鋪來說可是生死攸關的大事。所有企業都應該盡可能採取一切可能的對策，來避免價格上漲。

即使是同一種產業，依據公司本身和各業務夥伴之間的關係，議價能力也會有所差異。即便如此，如果產業的生態無法維持供需雙方皆能獲利，總有一天其中一方將達到極限，導致供需關係無法持續下去。

為了避免這種情況發生，我們必須**找到一個巧妙的平衡點，同時最大化自身的利益**。有時候這種強硬的處事能力，正是一個經營者必須展現的特質。

06

拉麵店的威脅是拉麵店嗎？

——「價值」是由市場決定的

日本的少子高齡化現象持續加劇，整個社會環境即將發生前所未有的改變。尤其在首都圈以外的城市，隨著勞動人口減少，花錢消費的人也會愈來愈少。

龍拉麵所在的青森縣八戶市，2000年時人口約有25萬人，到了2020年仍有約22萬人，但是預計到了2040年，人口將會下降至17萬5000人左右。

20年後，隨著人口流失和高齡化的持續，熟悉的日常生活也會澈底改變吧。例如，對拉麵店來說，由於年輕人數量減少，可以想見白天出外工作的人潮也勢必減少。以往那種不經意走進店裡消費的人，似乎也會漸漸地愈來愈少。

拉麵的流行週期變化相當迅速，實在難以預測未來趨勢，但是我隱約感覺，偏好大份量二郎系拉麵的趨勢已經告一段落。接下來，喜歡傳統清爽雞肉中華拉麵的人或許會愈來愈多。

這些現象不只發生在餐飲業，所有類型的企業都將面臨經營環境的重大改變。我在自己的本業中，也曾經和客戶討論到「20年後現在的生意可能做不下去，應該思

考新事業的方向」這樣的話題。

牛丼店和便利商店也是競爭對手

請各位回想一下先前提過的「五力分析」（請參閱本書第159頁的圖表）。在五個產生競爭力量的因素當中，有一項是「**替代商品的威脅**」。對營業午餐時段的拉麵店來說，所謂的「替代商品」，指的是牛丼或便利商店的便當等外食選項。而威脅的力量來自於該替代商品在滿足「吃午餐」這個需求的功能有多強。

龍拉麵一碗拉麵的售價是650日圓至860日圓。店址位於一座名為八戶市公會堂的公共設施內，鄰近市政府和銀行。

龍拉麵的營業時間是上午11點到下午2點，因此，我們主要的顧客群是來市政府辦事的人，或是附近的上班族。市政府平常有固定的便當店駐點販賣，附近也有便利商店，只要走個幾步路就到了。無論購買便利商店還是駐店販賣的便當，每份便當的價格大概都是450日圓到600日圓不等。拉麵的價格雖然稍微貴一些，但是仍有顧客願意從這麼多選項當中選擇我們。

在這樣的環境下，假設附近新開一家超便宜的咖哩或是便當店，會發生什麼事？

拉麵店的競爭對手不只有拉麵店

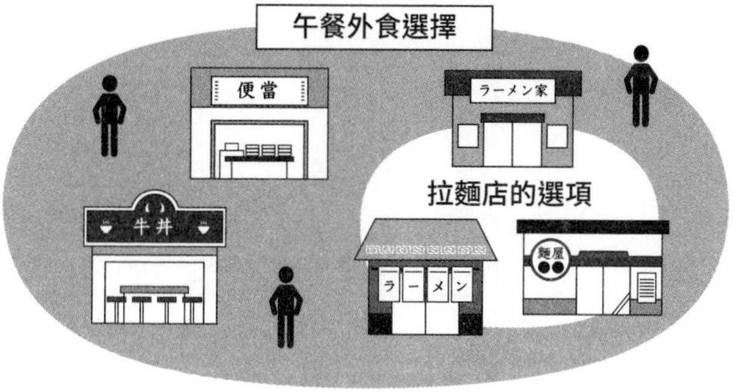

新潟有一家叫做「成本率研究所」的餐廳，一盤咖哩只賣200日圓。雖然我沒有親自去吃過，但是只要看評價，就知道這是一家份量普通、口味一般，但可以滿足「好吃又能吃飽」需求的店。

除此之外，東京有一家叫做「Delica Pakupaku」的便當店，販賣最低250日圓起的便當，正在持續展店。這家店的特色是提供高CP值且份量充足的便當選擇，主要吸引想要吃很飽的男性客群。

這些店家一開始的產品定位就是薄利多銷，因此很難開在人口稀少的地區。雖然我覺得不可能，但假設這兩家店開在龍拉麵附近，那就大事不妙了。午餐的外食選項增加，也會大幅改變消費人口的流動方向。

就現狀來看，對消費者而言，到龍拉麵吃一碗拉麵的價格和在附近買一個便當來吃的價格差不多。不管是想吃手工現做料理還是熱騰騰的料理，以目前的狀態來說，只要追加100到200日圓左右的預算，就能滿足需求。

可是當200日圓的咖哩或250日圓的便當加入戰局，午餐可選擇的價格降到這個範圍時，價格超過600日圓的拉麵就顯得過於昂貴了。可以想見，選擇拉麵當午餐的人將會愈來愈少，拉麵店的經營也會變得愈來愈嚴峻。

儘管如此，如果過度追求薄利多銷，似乎還是會面臨難以維持的問題，譬如成本率研究所就在2022年3月宣告破產倒閉。無論採取什麼樣的策略應戰，餐飲店面臨的狀況都一樣嚴峻。

午餐花多少錢才合理？

當人們可以輕鬆買到200日圓的咖哩或250日圓的便當，市場的標準就會落在這個範圍中。我的拉麵將會變成奢侈品，除了「無論如何就是想吃拉麵」的人以外，不會再有人選擇到我的店裡吃午餐。

假設真的發生這樣的狀況，可以採取的對策其實不多。

以目前的進貨價格為前提，即使以200日圓左右的價格銷售拉麵，很有可能連食材費都無法回收，因此我認為除了關門大吉以外別無他法。

當實力堅強的替代商品出現時，只有具備品牌實力的商品，或是擁有無可替代優勢的商品，才有可能存活下來。

堀江貴文先生經營的「MASHI NO MASHI TOKYO」的菜單當中，有一款名為「WAGYUJIRO」的拉麵，一碗定價高達1萬日圓。這款拉麵毫不手軟地使用大量的嚴選和牛，加上老闆的超高知名度，使其成為獨一無二的商品。

只要你能創造出一項沒有任何商品能夠替代、而且需求量高的商品，就能自由設定你想要的價格。這是因為消費者不知道要根據什麼樣的標準來判斷這項商品究竟是昂貴還是便宜。

另一方面，替代商品較多的類型商品，商品的品質或價格都會被消費者澈底比較，因此難以產生較高的利潤。

無論經營任何事業，**打造兼具有力的產品訴求和品牌力的明星商品，就是穩定經營的關鍵**。雖然這就是龍拉麵努力的目標，但我仍然每天都深刻感覺到，這是一條艱難又辛苦的路。

07 如何在實際工時6小時的狀況下獲利？

——做生意「時間就是金錢」

餐飲業是高工時的典型代表。除了營業前的準備工作，打烊之後還要清理，所以工作時間難免較長。**餐飲業只有在營業時間內可以賺取營收，但還是需要人手來做準備工作和打烊後的清理，此時支付的人事費就只是單純的花費。因此，盡可能縮短營業時間以外的工作時間，是削減成本的重要關鍵。**

拉麵的湯頭大致分為以豬骨、牛骨等動物食材，以及小魚乾等海鮮食材熬煮的湯頭。用動物食材熬湯需要很長的時間，才有可能熬出好喝的湯頭。為了熬一碗白湯，甚至可能要花10小時以上。

而用小魚乾、柴魚等魚類乾貨熬湯頭，則反而要注意不能熬太久，否則會跑出苦味，湯就不好喝了。

龍拉麵營業時間和工作時間

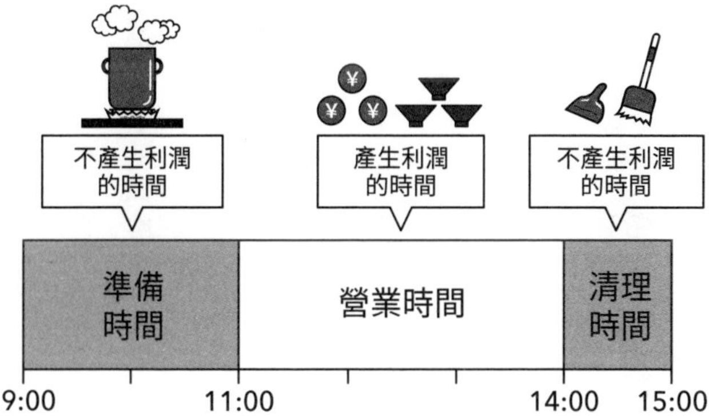

工作6小時就能經營拉麵店的祕訣

龍拉麵從早上9點開始準備，上午11點開門，下午2點關門，3點完成店內清理。店裡嚴格要求員工不得早到或加班，所有的工作都要在這段時間內完成。一天6小時，我認為以一家拉麵店來說，工作時間相當短。

當然，我們不會在味道上妥協，也絕不使用任何現成湯頭。每碗拉麵都是來店之後，從頭開始烹煮的。

和其他服務業相比，餐飲業的口碑評價更重要，是屬於評價會直接影響集客的行業。我認為餐廳評價的主流平台已經從「Tabelog（食べログ）」轉向「Google評論」，留言的總人數也有增加。以現在的環境來說，如果服務或口味的品質降低，立刻就會被公開分享，因此偷工減料是不被允許的。

二郎系拉麵和豚骨拉麵的湯頭，在午、晚餐時段的營業時段也會持續熬煮，直至湯頭完成。然而，龍拉麵所在的公會堂附近晚上幾乎沒有人潮，對晚餐時段來說是相當嚴峻的營業地點。雖然我一開始的構想就是以小魚乾為主要食材來搭配菜單，但即使以現實的角度來看，龍拉麵也不可能提供動物湯頭的拉麵。

營業時間以外要做的事情太多了

餐廳只要一開幕，除了營業時間之外，還要花很多時間打理雜務，例如打掃地板和廚房、存入銷售現金、換錢等等。非做不可的事情總是一件接著一件。

而且除了營業和雜務之外，還要調查競爭對手的餐廳和最近的趨勢，不然沒辦法開發新菜單。做這一行的工時很容易比一般的辦公室上班族還長。如果有家庭，還要照顧小孩，自己的時間就更少了。

當了老闆之後，再也不會被任何人使喚。但另一方面，如果沒有顧客上門，也沒有人能給你建議，更沒有人會付你錢。一切都是自己的責任。

正因如此，你經常會不自覺地拼命工作，總是覺得「那個也得做、這個也得做……」，工作量就這樣慢慢地愈變愈多。

一旦發生這樣的狀況，不知不覺間，你的自我剝削黑心企業就誕生了。

如何有效率地賺取利潤？

瀏覽X（舊Twitter）或Facebook等社群平台時，經常會滑到一些寫著「任何人都能開始輕鬆賺錢」的招攬廣告。每當我出於好奇點進去下載資料時，看到的都是類似的內容。

內容大多是透過免費提供一點點資訊，以銷售更貴的付費知識內容。只要打著「任何人都能開始輕鬆賺錢」的宣傳口號，就能為這些內容標價10萬、20萬甚至50萬日圓的費用。

正如先前曾多次提過的，這些資訊大多不值得這麼高的費用。如果有人真的可以靠這些資訊輕鬆賺錢，那麼直接雇用人手開始做生意，一定比賣這些知識內容更好賺。

不過即便處處充滿了這類可疑資訊，其中仍有一些情報是值得我們關注的。

那就是「**系統化**」和「**自動化**」。閱讀這類知識內容商品，通常都會看到這兩個

關鍵字。

他們的概念是建立一套穩定的收入機制，獲取不需自己親自參與、即可自行運作的被動收入來源。在資本主義的社會，這才是正確的賺錢思維。

靠自己努力工作賺錢，無法賺到高於投入時間以上的金額。即使兼職多份打工，一天最多也只能工作約16個小時，假設時薪是1200日圓，一天最多只能賺1萬9200日圓。假設一年工作300天，一年賺576萬日圓就是極限了。

另一方面，日本上市公司的股票殖利率大約維持在2~5%左右的水準。即使僅聚焦在知名企業，如商船三井、軟銀集團和柯尼卡美能達等公司，股票殖利率在本書執筆期間也都超過5%以上。假設我們購入價值1億日圓、殖利率5%的股票標的，未來即使什麼都不做，每年也能賺入500萬日圓。

我的重點不是要比較哪一種賺錢方式比較好，更不是在感嘆「有錢人真令人羨慕」。我希望各位記住的重點是：「**靠工作以時間換取金錢，很快就會碰到賺錢的天花板**」。無論是購買股票還是雇用員工，都一樣是資本投入。透過做出有風險的選擇，可以追求更高的利潤回饋，這是兩者的共通點。

以拉麵為例，我負責廚房內場，但大部分的營運工作其實都交給員工執行。我主要負責檢查拉麵的口味、採購和集客，員工則負責準備湯頭和接待客人。

因為還有本業的工作要顧，我會盡量縮短料理拉麵的時間。儘管如此，我仍會檢查一些重要環節來守護自己的拉麵，確保口味沒有走鐘。

其中一個副業是經營餐廳

近年來，多重職業（也稱斜槓）已成為常態，我自己也同時斜槓好幾份工作。

我的本業是公認會計士、稅理士、司法書士和行政書士的士業工作。除了當拉麵店老闆，我也寫書、監修報導文章，並擔任葡萄酒專賣店的共同合夥人、租賃不動產、醫療法人幹部、中小企業公會幹部、綜合格鬥教練和網站管理員等，投入各式各樣不同的工作。

這些工作種類繁多，有些可以賺取相應的利潤，有些則根本賺不到錢。**由於人口減少，商業的機會也在減少，尤其是首都圈以外的地方，因此必須更有效率地利用時間，來賺取金錢**。雇用人手和投資設備勢必需要花錢，但是利用空閒時間自己做些事情不會有任何風險。儘管這也算是用時間換取金錢，不過考量是否展開斜槓人生，也是可行的選項之一。

最近，「**租用時段**」（間借り）這類型態的餐飲店鋪正在持續增加。愈來愈多店家

租用時段店鋪的時間分配範例

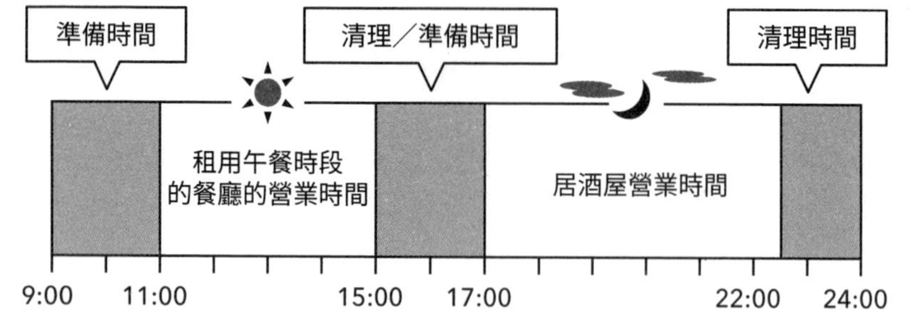

會向白天不營業的居酒屋或酒吧租借時段，來經營咖哩專賣店或拉麵店。這種經營模式之所以愈來愈受歡迎，是因為充分運用了不營業的閒置時間，因此對出租方或租用方來說都是兩全其美的作法。

站在出租方的角度來看，經營酒吧這類主要在夜間營業的店白天沒有收入，因此白天的租金等於浪費了。即使考慮推出午餐，購買新設備一定會花錢，設計新菜單也是一大考驗。白天營業不僅費時費工，風險也較高，因此不一定能輕鬆簡單地增加營收。

相較之下，把空間時間的店鋪租給其他人，可以輕鬆賺取租金，每小時的收入也會上升。此外，透過吸引平時不會造訪店鋪的客群上門，還能創造讓更多人認識這家店的全新機會。

靠自己獨立創業後，愈認真努力的人，就愈容易把自己逼到極限。試著動腦並追求更高效率的經營方式，往好的方向努力，來盡量減輕自己的負擔吧！

08

打廣告能招攬到顧客嗎？

——在顧及「CP值」的前提下盡力而為

只要一創業，各種要你打廣告的推銷資訊就會從四面八方湧入，包含報紙、電話簿、電視和網路廣告等各式各樣的媒體。而且，廣告費用往往比想像還高。連我這種規模非常小的小型企業，收到的業者報價最便宜也要3萬日圓左右，更昂貴的選擇甚至超過10萬日圓。

在廣告行銷領域，有一個術語稱為「**轉換率**」。當我們派發一定數量的夾報廣告或廣告傳單時，就可以透過轉換率這個指標，來觀察有多少消費者在接收到廣告資訊後實際做出了購買行為。

舉例來說，假設配發一萬張傳單之後，有一百個人前來訂購商品，即可算出轉換率為1%。

儘管不同行業的轉換率各有不同，但是據說這類型派發廣告傳單的轉換率都不到

1 這種營業方式有個專門詞彙「二毛作」，原意是在同一塊耕地上一年種植兩種以上的作物。臺灣最早帶起二毛作風潮的拉麵店，是2016年10月開始，「鬼金棒」每週二推出的二毛作「勝王」。從經營模式、限定品項到獨特食材的追求，都大大改變了臺灣的拉麵生態。

1%。也就是說，假設一碗拉麵的邊際利潤是500日圓，只要100張廣告傳單的成本無法壓低在500日圓以下，打廣告就得不償失。這個問題實在相當棘手。

店鋪存續取決於第一個流量高峰之後

據說餐飲業的第一個流量高峰，通常出現在開業一個月後。當一家新店開幕，很多人會抱著先去吃一次看看的心態光顧。如果開幕後那段時間口碑不差，這家店就會在眾人的口碑發酵下愈來愈有名，來客數也會持續增加。（請參考本書第72頁的圖表）

大約在開幕一個月之後，新鮮感逐漸消失，上門的顧客也會開始漸漸減少。龍拉麵也經歷了類似的變化。龍拉麵於2020年10月1日開幕，並於10月下旬的週六迎來了來客數的第一個高峰。當天排隊盛況長達三小時，顧客總數高達130人，僅營業一天，營收便超過10萬日圓。

在那之後已經過了一年半，再也沒有發生過來客數一天超過100人的盛況。龍拉麵每天的來客數大致可以維持在一天30～60人左右。如果遇到大雨或大雪的日子，來客數可能減少到20人。

餐廳來客數減少的其中一個原因，通常是客人把這家店給忘了。

以拉麵店來說，大部分的人可能只會輪流光顧自己最喜歡的三家店。沒有進入口袋名單的「二線店家」將被遺忘，客人也不會再上門光顧。因此一家店是否能吸引顧客的標準，就取決於是否能讓更多客人記住。

廣告的成本效益如何？

為了驅使那些沒有把你的店放入口袋名單的人再次造訪，我們需要創造某些契機。而廣告就是最熱門的手段。廣告除了可以讓顧客重新想起這家店，也可以用來宣傳店裡推出的新菜單。

當然，廣告是要花錢的。以傳單來說，需要支出的成本包含製作傳單的費用，以及張貼或夾入報紙的人工費用。如果透過網路委託印刷業者印製並派發1000份傳單，則需花費將近8000日圓左右。由於每100份傳單的成本是800日圓，因此即便轉換率有1%，還是會造成虧損。

以龍拉麵曾經問到的廣告報價為例，在報紙上以小字刊登店名和營業時間的費用是2萬日圓；在當地的免費報紙刊登介紹文的費用是5萬日圓；而在八戶的主要幹

道上設置廣告看板的費用則是每月3萬日圓。

對一家每碗拉麵賣700到800日圓的拉麵店來說，這樣的廣告行情還算合理。

假設賣出一碗拉麵的邊際利潤是500日圓，若要賺到3萬日圓，就必須賣出60碗拉麵才能達成。正是因為打廣告需支出的花費可能是一家店整整一天的收入，因此更應該認真考量廣告的成本效益。

思考免費打廣告的方式

有鑑於此，我建議大家先積極嘗試免費的廣告工具。例如Facebook、Instagram和X（舊Twitter）之類的SNS網路社群服務。這些社群平台的基本功能都是免費開放給所有人使用，等於不用白不用。

龍拉麵自開幕起，就分別註冊了這些社群平台，並持續推播訊息。

在開幕一年半之後的這個時間點，我們在各社群平台擁有的粉絲數分別是550個Facebook粉絲、750個Instagram粉絲和1000個X（舊Twitter）粉絲。全部加總起來，龍拉麵每天可以向2300個人推播店內的最新情報。雖然龍拉麵的追蹤人數不多，但只要能把訊息準確傳遞給當地人，就一定會產生效果。

龍拉麵發文的內容，大概是以下這種感覺。

【龍拉麵 八戶市公會堂】

今天我們也照常營業哦！
從上午11點到下午2點！

番茄煮干的美味，只有在龍拉麵才吃得到！
濃郁的番茄和海鮮的鮮甜風味，與彈牙的特製麵條形成絕配，
合奏出一首美味的和諧樂章！

女生一個人也可以無壓力地走進店裡用餐！
店裡的工作人員也以女性居多。
我們期待見到您！

這樣的文字，搭配拉麵或小魚乾等食材的照片，或是搭配店內某個角落的照片，再發文貼出。龍拉麵所有社群平台的發文內容都完全相同，因為實在沒有時間針對不同平台一一構思內容。

由於X（舊Twitter）有140個字元的限制，因此發文字數會以符合X的字數限制為準。在社群媒體平台上發文，就像免費廣告一樣不做白不做，做了也不會有任何損失。必要的工具只有一台智慧型手機，不需額外支出任何成本。操作也非常簡單，請各位務必嘗試看看。

不同世代關注的媒體不同

在日本，30歲左右的人使用社群媒體相當普遍，但50歲以上使用的人卻是少數。50歲以上的人主要收看的媒體是電視和報紙。

據說年輕世代已經幾乎不看電視也不讀報紙了。根據日本總務省公布的〈資訊通訊媒體的使用時間和資訊行為相關之調查〉，2020年有82％的人有收看電視的習慣，而有閱讀報紙習慣的人僅剩26％。不同年齡層的世代差異相當大，**在50到69歲的世代當中，超過90％有收看電視的習慣，但是10幾歲的年輕人則只有60％左右。**

報紙的世代差異更大。**60幾歲有54%的人有閱讀報紙的習慣，相較之下，10幾歲竟然只有3%左右的人看報紙**，實在低得嚇人。20幾和30幾歲閱讀報紙的人口，分別也只占6%和9%而已。大多數的年輕人不看報紙，而是把時間花在網路上。因此，若要接觸到年輕族群，透過網路推播廣告似乎比在報紙或電視刊登廣告更有效率。

儘管如此，電視和報紙仍擁有其他媒體無法比擬的優勢。那就是「**共時性**」的特質。

包含Youtube和Tiktok等媒體在內，網際網路的社群平台不斷提供多如繁星的有趣內容，還以驚人的速度不斷增加中。因此，每個人看到的內容不盡相同，自己昨天看到的內容也很難成為所有人共同的話題。

另一方面，電視和報紙則可以讓很多人在固定的時間內觀看同樣的內容。如果是30歲以上的人，應該都曾經在學校和朋友討論昨天收看的電視節目內容。雖然整體的受眾人數變少，但「同時看到」的人卻相當多。

即使只是在當地電視台播放2~3分鐘的電視廣告，隔天的來客數還是會增加不少。至今為止，龍拉麵總共接受過兩次電視採訪和三次報紙採訪。迴響最大的是當地電視台新聞節目中一個每週介紹拉麵店的單元。

當時是2月上旬，因為天氣寒冷和下雪的關係，每天的來客數大概都只有30人左右，但節目播出隔天，每天的來客數增加到超過50人，到了週末的六、日兩天，來客數甚至高達90人。節目的效果大約持續了三週，營收也因此大幅增長。

雖然其他的節目和報紙採訪都沒有達到這麼好的效果，但不管哪個媒體都是播出或刊登隔天，來客數就一定增加，效果真是十分有感。

這些媒體露出的機會和廣告不同，基本上都是免費的。除非你堅持「不接受任何媒體的採訪」，否則接受採訪基本上沒有什麼壞處。因為這對店家來說是一個很好的公關機會。

如何吸引媒體報導？

那要怎麼樣才能吸引報紙或電視台來報導你的餐廳呢？畢竟餐廳的數量那麼多，但媒體可以報導的數量卻相當有限。那麼多家餐廳等著媒體上門採訪，就算想接受採訪，也不見得就能被媒體注意到。

所以**首先要做的第一件事，就是提高餐廳本身的知名度**。報紙和地方電視台通常會在縣內的主要城市設置採訪據點。以青森縣來說，多數媒體除了在縣廳座落的青森市設置據點外，通常在八戶市和弘前市也設有據點。

一般來說，記者會常駐在這些據點，只要查詢官網就能找到他們的聯絡方式。我們可以主動聯絡記者，向他們宣傳自己的餐廳。

尤其是新開幕的這段時間，抓住媒體採訪的機會相當重要。不管是什麼性質的媒體，通常都會有一個介紹新店的單元或欄位。所以記者有時也會主動尋找採訪對象。幸運的話，也許馬上就能獲得媒體採訪的機會。

我也推薦大家先為自己的店設想一個媒體容易切入的主題。如果這家店可以帶出吸睛的話題，讓文章內容更有趣，被媒體報導的機率也會提高。

以餐飲業來說，常見的話題包含「用當地特產開發菜單」，或是「與當地學生合作舉辦活動」等等。除此之外，「從大都市毅然決然返回家鄉開店的某某店主」這類型的報導也很多。

這些都是相當具話題性，而且容易報導的熱門主題。以能拉麵來說，由於跑來開拉麵店的公認會計士實在很少見，所以我得到了好幾次採訪機會。

不只餐飲業，只要從不同的角度去看，每家公司都可以變得更有魅力。我自己也在撰寫文章，有些公司可能乍看之下很普通，但是只要問到創業當時的過程或日常經營點滴，就能挖掘出許多振奮人心的有趣故事。**中小企業每天都在為生存奮戰，不可能沒有發生過戲劇化的事件**。

當媒體介紹這些故事時，不僅可以將店鋪介紹給原本不知道這家店的人，如果看到報導的人曾經來吃過，也能創造一個喚醒記憶的機會。媒體採訪的好處真的太多了，不妨就從想出一個足以吸引媒體採訪的有趣切入點開始做起吧！

龍拉麵的創業故事③

「禁止付費廣告」的限制條件遊玩規則

下班後的夜晚，我一邊看勇者鬥惡龍的RTA影片，一邊寫下這份原稿。所謂的RTA，指的是真實時間競速（Real Time Attack）的遊戲挑戰玩法。《勇者鬥惡龍3》這款遊戲的遊戲時間通常是50個小時左右，然而經驗豐富的熟練玩家可以在3小時內通關。因為必須在低等級的狀況下持續面臨嚴峻的戰鬥，非常考驗玩家瞬間的判斷和臨機應變反應，才有可能通關頭目戰。儘管玩的是同一款遊戲，卻因為每天的發展都不同，所以怎麼玩都不會膩。

這類挑戰玩法的其中一項特色，叫做「限制條件遊玩規則」，指的是設定某些限制條件如「不使用強力武器裝備」或「禁止在商店購買物品」等，並在遵守限制的狀況下通關。設定愈多限制條件，將會使原先可以輕鬆通關的遊戲變得更困難，迫使玩家絞盡腦汁去擬定更完善的通關策略。刻意選擇艱難的模式挑戰遊戲，可能讓平常不會使用的道具發揮作用，或者發現全新的攻略路線，因此即便是已經瞭若指掌的遊戲，也會變得有趣起來。

在龍拉麵開幕當時，我就設下了這三道限制。

❶選擇至今為止沒有店家長久經營的地點
❷開幕成本必須控制在１００萬日圓以下
❸除了開幕傳單之外，一年內不得使用付費廣告

這是在缺乏資金也還未建立信譽時可以採取的經營策略。

就策略❶來說，購物中心店面或車站前等良好地點通常租金相當高，因此缺乏資金的經營者，就會選擇位置較差的地點。

策略❷應該很直觀。因為申請貸款的核貸金額有限制，因此很多時候創業者在初期投資的階段能夠投入的資金有限。

策略❸則是因為經營小規模的餐飲店面，實在沒有餘裕把錢花在付費廣告上。

之所以設定這些限制，是因為我希望把資金不足創業者的成功過程內化到自己的經驗當中。我認為，若能在遵守這三個原則的狀況下成功打造一家人聲鼎沸的店鋪，就能掌握一套從零開始創業的實用知識，幫助沒有經驗的人。

開局缺乏資金，就好像漫畫《進擊的巨人》描繪的情節。什麼都不做就會戰敗，

現實已經迫在眉睫，因此我們必須鼓起勇氣，走出一條屬於自己的路。如果投入寶貴資金卻挑戰失敗，可能會立刻破產。

資金是經營的命脈。資金愈充足，當突發狀況發生時，愈能幫你爭取到更多應對的時間，度過難關的機率也就更高。這就是為什麼上市規模的公司不會輕易倒閉的原因。個人和小規模企業因為缺乏資金的關係，即使只是風吹草動的微小影響，也可能造成重大損失。

我相信在這種環境中成功度過難關、讓店面步上正軌的經驗，可以讓我內化這些知識，並有很高的機率再現這些成功經驗。只要確立了經驗和方法，我就能運用這些知識，來協助零經驗的創業挑戰者。為了讓我的家鄉八戶市成為一個更好的地方，我想要透過這個有趣的挑戰，建立起成功的創業流程，並藉此打造一個無論對居民或對遊客來說都充滿樂趣及活力的城市。

第4章

從經營拉麵店學習「如何聰明省錢」

01

為什麼拉麵店的汰換速度這麼快？

——餐飲業的經營困境

退休後的上班族因為興趣使然開了一家蕎麥麵店，結果一轉眼就倒閉了——這在退休後「絕對不能做」的事當中，屬於經典中的經典，可能導致退休金蒸發。

實際上，經營餐飲店，倒閉真的是家常便飯。光是我自己就常常注意到新開的拉麵店在不知不覺間倒閉，然後被別的拉麵店取代。

店鋪無法持續經營，通常是因為資金用完了。如果收支狀況不平衡，支出高於可以回收的盈餘，總有一天會耗盡資金。餐飲業是一個典型容易出現這類情況的行業，原因我已經逐步於前面的篇幅中說明，讓我們再全部複習一次。

餐廳需要高額的初期投資

即使是小規模的餐廳，開業成本超過1000萬日圓的狀況其實並不罕見。**如果**

過於講究內外裝潢，很快就會累積一筆龐大的開銷。如果你選擇開業的物件是前店家拆除所有裝潢、只留下骨架的物件，那麼連冰箱和爐具你都要自行添購。由於商用設備相當昂貴，因此開支將會不斷往上堆疊。

龍拉麵的開業成本控制在１００萬日圓左右。在我們準備的設備當中，最貴的是餐券機，要價65萬日圓。除此之外，沒有任何一樣設備超過10萬日圓。

另外，我們租用公會堂內的食堂空間，完全採現有室內裝潢，因此不需額外支付裝潢和設備費用。室外裝潢因為無法改變，當然也沒有產生任何支出。餐券機以外的支出費用明細為：所有調理器具共15萬日圓、消耗品5萬日圓，以及其他雜費15萬日圓。

集客力強的熱門店面，店租勢必較高，因此基於壓低初期投資的現實考量，不得不在店址的選擇上妥協。

餐廳收入不穩定

和一般上班族不同，自營業主和自由工作者的收入每個月都會浮動。**雖然在經營**

順利的月份可以賺進大把鈔票，但是當生意不好時，月收入也會直線下滑。

在公司當上班族，即使因為自己的疏失而錯過業績，薪水也不會歸零。然而，自營業者一旦沒有工作，就會直接影響收入。

在自營業者當中，餐飲業除了少部分的排隊名店外，是一個很難穩定收入的行業。來客數經常受到天候或周遭環境的變化等無法靠努力來改變的因素影響。

龍拉麵也一樣，經常發生來客數無緣無故比昨天銳減一半的狀況。為了避免餐點售完，店裡隨時都得準備足夠分量的食材來因應，可是若沒有客人上門，不只沒有營收，庫存的耗損也會加劇損失狀況。

餐飲業的工作時間很長

經營一家餐廳，除了營業時間工作以外，營業時間以外的工作也相當繁重。**打掃地板和清潔廚房是基本工作，此外還要去銀行兌換零錢、外出採購食材等，需要處理的事情一件接著一件，不斷接踵而來。**

假設店裡有僱用員工，還得管理排班、計算薪資和辦理勞保手續。為了準備報稅和確認店裡的經營成果，也需把數字輸入會計軟體。如果平常有使用社群軟體來招攬顧客，還要另外抽出時間拍照和PO文。

除了忙著開店營業和處理雜務之外，研究競爭對手店家和流行趨勢並開發新菜單，也是一定要做的功課。

餐飲店經營者的工時往往比一般上班族來得長，所以很難透過副業或兼職來增加收入並分散風險。如果店裡的收入減少到無法維持生活的地步，很多老闆會選擇把店收起來，到其他店家應徵一般員工的工作。

競爭對手會如雨後春筍般不斷出現

開一家餐廳很簡單。只要取得衛生所的許可，並參加食品衛生管理人員的培訓課程即可。因此不斷有許多新的經營者加入這個行業。**餐飲業的新陳代謝很迅速，顧客往往也只會注意到那些最新開幕的店家**。

對某些行業來說，執業時間愈長愈有優勢。我自己的本業「士業」就是典型的例子。在士業這個領域，剛開業的人並不吃香，因為這類提供專業諮詢的工作更重視長久建立起來的關係和信譽。

然而，經營餐飲業若沒有持續進步，就會被顧客遺忘，因此餐廳必須在開發新菜單和改裝上下苦功。不只需要持續投注金錢，更要隨時思考各種吸引顧客的對策。

餐飲店很難拓展客源

有些行業可以透過網路來集客，但對於主要經營實體店鋪的餐飲店來說，地點具有相當重要的意義。**由於店裡的營收得靠消費者來店消費才產生，因此地點方不方便前往，是決定餐飲店命運的重要關鍵。**

除非是口碑好到不吃可惜的店家，我們通常不會特地跑到一個很遠的地方吃飯。所以餐飲店的顧客，大多是住在附近或需要到附近辦事的人。

雖然我們也可以透過網路購物等方式，將商品銷售給遠方各地的顧客，但若要做到營收能夠大幅成長的規模，就必須投入大量時間及成本。因此就現實狀況來說，實體店面的顧客大多是常經過店址所在區域的人。

一般來說，車站和購物中心的人潮眾多，對餐飲店來說是非常理想的開店地點，但租金通常會高出許多。如果一家原本位於鬧區的排隊名店搬到人潮稀少的地點，不一定能維持與原址相當的排隊人潮。事實上，我認為在大多數情況下，來客數都將大幅減少。畢竟，真的有很多相當受歡迎的熱門餐廳，一去吃之後往往發現其實味道不怎麼樣。對餐飲店來說，地點就是這麼重要。

餐飲店很難因應環境的變化

開一家餐廳，除了要簽訂租賃契約，還要花錢做內外裝潢。根據各自的需求，有些店家可能在開幕前就花費1000萬日圓以上的預算。

雖然在開幕之前，可以先調查好附近的人流狀況，但是來客數也可能不如預期。**若要搬遷店址，等於要再次尋找店鋪和重做裝潢，所以很難因為來客數不如預期，就輕易搬遷。**

除此之外，即使原本是一個不錯的地點，如果附近聚集人潮的設施停業，或者附近出現了強大的競爭對手商店，也會輕易改變原本的人流狀況。

當這類情況發生時，幾乎沒有經營者有足夠的資金再開一家新店。這也代表大多數的人會選擇結束營業、撤下招牌。

投入資金才能實現盈利

為了提高營收，投資是不可或缺的。對餐飲店來說，打造店鋪本身和開發菜單就是投資的一環。**若要拓展業務規模，最主流的方法就是以擴大規模為目標，將獲取的利潤再投資到事業當中**。

如果用開車來比喻，投資就像踩油門。油門踩得愈重，確實能愈快到達目的地，但若在半途油箱見底或發生車禍，而導致無法繼續行駛，就只能結束營業。經營者可以運用手邊的資金升級設備，讓這台車變得更快更舒適，或是購買汽油，為更長途的旅程做準備。

一切都取決於經營者的決策。經營者不僅要規劃行進的路線和速度，同時也要選擇合適的路線。

評估是否可能提前回收投資資金！

餐飲店要倒很簡單，可能的原因百百種。餐飲業的經營就是這麼困難，要負擔的風險也非常高。

但話說回來，不限於餐飲業，任何有意創業的人，都必須事先評估投入的資金是否能夠回收。**如果一項生意需要投入大量資金，卻無法預期足夠的營收，那麼我們就應該暫時停下腳步，思考並調整計畫的方向。**

隨著網際網路的普及，和過去相比，銷售商品和提供服務的途徑變得更加多樣化。只要不開實體店鋪，就能大幅壓低固定成本。因此在準備創業時，最好事先思考是否有開實體店鋪的必要。

為了持續經營事業，首要關鍵是計畫，而將計畫付諸實行的能力也相當重要。不只餐飲業，無論經營什麼事業，都一定會不斷遇到預料之外的問題，所以對經營者來說，除了天天絞盡腦汁思考，還要有臨機應變的能力。

開創自己的事業是人生大事。如果成功了，距離理想的人生就更進一步；但是如果失敗了，可能會失去更多。「不試試看怎麼會知道」固然沒錯，但如果計畫很明顯會失敗並帶來重大損失，那就應該立刻打住，並重新修正計畫內容。

02

所謂的「倒閉」是什麼意思？

——即使公司有賺錢，只要付不出錢還是會倒閉

相信大家平常看報紙時，有時候會看到「〇〇公司經法院裁定啟動破產程序，並選任〇〇律師為破產管理人……」之類的新聞。

當一家企業經營不下去的時候，大多數的人都會覺得企業是「倒閉」了。不過實際上**雖然通稱倒閉，但程序和類型有很多種，公司後續面臨的狀況也各不相同**。

「破產」與「民事再生」

有關企業倒閉的程序，以下是一些比較典型的例子。首先，「**破產**」是倒閉的一種形式，會根據破產法規定，進行後續的相關程序。

當一家公司無法維持正常運作時，就可以向法院聲請破產。法院裁定宣告破產後，將選定一位律師為破產管理人。破產管理人負責出售破產公司的資產，並將剩餘財產平均分配給債權人。

公司一旦破產，就立即失去所有資產。一連串的破產程序完結後，公司之人格也確定同時消滅。公司的所有業務隨之結束。

另一個常聽到的相關詞彙是「**民事再生**」。此為公司倒閉時，根據民事再生法進行之程序。

民事再生與破產最大的差異在於，程序是以公司的存續為前提進行。公司可以在持續經營事業的同時，向債權人尋求債務減免，或是尋找新的事業贊助者改善資金狀況，以期達成重建公司的目標。由於不一定要更換經營團隊，因此公司倒閉前後的社長職位可能都是同一個人。民事再生主要針對重建潛力較高、規模較大的企業。

龍拉麵所在的青森縣，也經常看到企業倒閉的消息。而且因為我自己的本業包含公認會計士和稅理士，因此有時也會參與一部分倒閉程序的處理。在大都市以外的地方，人際關係較為緊密，因此有關公司倒閉前後狀況的流言蜚語也不少。

企業陷入倒閉危機的模式

小規模企業落入倒閉下場的模式大致相同。因為競爭對手出現，導致營收下降和成本上升，整體事業環境逐漸惡化。在這種情況下，我們必須透過擴大營收或削減成本等方式來增加利潤。然而，如果這些方法都達不到效果，就不得不面對利潤下滑的結果。

利潤一旦開始下降，公司實際的收入也會減少。**但是即使利潤下降，應該支付的工資和採購成本依然不變，因此用來支付這些固定費用的營運資金將會開始短缺。**

一旦陷入這樣的狀況，公司別無選擇，只能尋求新的融資可能，或是投入自有資金。如果事業的前景看好，可以向贊助商募集資金，但是對於本身發展業務不特別創新的企業來說，這個方法並不實際。

銀行在貸款時有固定的審查程序，因此無法借到一定水準以上的金額。假設銀行拒絕核貸，剩下的選擇可能是以個人信用向銀行申請信用卡貸款，或是民間貸款等等。如果到了這個階段，公司的營運狀況仍無起色，資金短缺的狀況依然持續，此時除了公司負責人夫婦，可能還會以子女或雙親的名義申請多張信用卡來借貸資金，導致公司和個人的債務進一步擴大。

公司倒閉的一般模式

1 → **2** → **3**

因為競爭對手出現等因素，導致事業環境惡化

營收下降導致資金短缺

儘管銀行願意增貸，卻無法預期能否償還

信用卡貸款和民間貸款的年利率大概是15%左右，所以如果借了100萬日圓，每年將產生15萬日圓左右的利息。經營陷入困難的企業不要說償還本金，大多連利息都付不出來，因此債務經常如滾雪球一般不斷增加。

如上所述，許多人就這樣成為負債累累的多重債務者，在無計可施的情況下，最終往往只能向律師等專業人士尋求幫助。

公司就算破產，也要確保能夠支付律師費。雖然根據地區和公司的狀況和規模，律師費的價碼也不盡相同，但無論如何，務必要準備一定程度的資金。根據實際情況，有時甚至需要準備將近1000萬日圓左右的現金。對一間即將倒閉的公司來說，實在很難籌出這麼大一筆錢。

因此，破產企業一方面會延遲支付給業務合

作夥伴的應付款，一方面加速回收應收款來暫時籌措出手頭的資金。這麼一來，公司就能帶著僅剩的一點錢，奔往律師事務所尋求協助。

如何避免倒閉

究竟該怎麼做，才能避免公司走上倒閉一途？由於經營管理涉及各種複雜要素，彼此還互相交織影響，因此針對這個問題，沒有可以適用所有經營狀況的正確答案。

但有一件事無庸置疑，那就是「**以能夠確保盈餘的方式經營**」至關重要。

做生意沒有靈丹妙藥。**即便發現了一個可以獲取高額利潤的商業類型，隨著新競爭者的陸續加入以及市場的擴大，特定企業所能獲取的利潤也會隨之減少。另一方面，後來加入市場的企業也不見得有優勢，因為市場價格的格局已經形成，難以大幅拓展利潤空間。**

除了擁有特殊技術的公司或品牌力強大的大型企業之外，大多數企業都必須具備足夠的經營能力，才能妥善管理支出，並同時確保資金不會耗盡。

若真的無計可施，撤出市場可能是正確的選擇。畢竟赤字對公司來說等於流血損失，那麼在破產前提早撤出市場，也是一種策略。

最壞的狀況是，經營者沒有察覺公司已經陷入赤字，放任虧損持續擴大。就個人經營的拉麵店來說，因為每年都要報稅，故需要彙總營業收入、食材成本以及水電瓦斯費等經營管理費用等收支情形。為了最大程度降低工作量，這是每年唯一一次需要整理會計資料的時間點。

如果用「丼勘定」的方式經營店鋪，勢必無法正確掌握每天的營收和原料成本。在來客數夠多且店鋪持續產生盈餘時，問題當然不大。可是一旦店鋪出現赤字，事情就糟糕了。

事實上，要是沒有妥善記錄收支數字，甚至會無法判斷店鋪究竟是營利還是虧損。唯一能作為依據的數字，只剩下手頭資金的水位變化。但是由於償還債務和日常生活開銷皆須從手頭資金取用，因此也更難準確分析店鋪的營運狀況。

如前所述，為了掌握公司實際的營運狀況，確保會計數字的正確性，至關重要。

只要能做到這一點，即便遭遇無法避免的危機，也能盡早做出撤出市場的決定。

有時環境變化可能導致企業突然面臨倒閉危機

容我介紹一個因新冠疫情導致事業環境急遽改變的實際案例。

福井壽和先生在青森縣等地經營5家餐廳，卻因新冠疫情爆發導致來客數減少，於是他毅然決然地做出決定，清算年營收1.5億日圓的公司。

2020年3月，青森縣的學校因新冠疫情停課，總是高朋滿座的假日午餐時段也突然失去了顧客。雖然3、4月接連虧損500萬日圓，但仍有足夠的現金和存款，而且當時也還能貸款。但在模擬了未來可能的營運狀況後，結果顯示即使營收恢復到去年70％的水準，公司還是很可能在年內倒閉。因此福井先生拒絕了追加額外貸款的提議，果斷決定盡早停業。

後來，經歷一連串法律程序後，該公司於2021年7月宣告解散。公司的負債並未轉移到福井先生本人身上，他也展開了全新的事業與生活。（詳情可參閱福井先生的著作『全店舗閉店して会社を清算することにしました。』，暫譯《全店鋪停業後，我清算了公司。》）

如果我們身處與福井先生同樣的狀況，卻沒有掌握店鋪的日常數據，決策的時間點將會大幅延遲。**福井先生之所以能夠及早做出停業的決定，是因為他能夠準確預**

測到來客數減少將導致公司陷入持續虧損且資金不足的危機。

面對艱困的環境，大多數人腦中的第一個想法可能是「或許明天會好轉」這類樂觀的預測。情況如預期般好轉固然幸運，但也很可能理所當然地變得更糟。一旦情況惡化，無法即時下決策，很可能改變你的一生。

若能在適當的時機及早退出，總有一天能迎來其他的機會。**拖拖拉拉不夠果決，放任公司赤字虧損，等於親手放棄再次挑戰的門票。**

有時候就是必須在受到致命傷之前及時止血，才可能重新扭轉戰局。

03 拉麵連鎖店誕生的理由

——只靠一間店其實很難賺

對大多數的人來說，餐飲業的排隊名店開分店，不是什麼新鮮事。

畢竟**餐飲業要賺錢，很難只靠一家店。這是因為以實體店鋪的經營型態來說，能夠服務的顧客人數有其上限。**

確認一下營收的計算公式吧！

餐飲店的營收，可以透過「客單價×座位數×翻桌率×營業天數」這個公式算得。

假設有一家餐廳只營業午餐時段，店內有20個座位，客單價為850日圓，每天大約可翻桌2次。如果這家店一個月營業25天，可以算出每個月的營收為：

850日圓×20個座位×2次翻桌×25天＝85萬日圓

支出方面，假設成本率為30％，老闆的生活費和僱用計時員工的人事費各20萬日圓，水電瓦斯費10萬日圓，購買消耗品等雜費5萬日圓，最後是店鋪租金10萬日圓，成本以外的總支出合計為65萬日圓。

由此可知，這家店的每月收支為：

85萬日圓×0.7－65萬日圓＝▲5.5萬日圓

也就是說，這家店目前處於每個月虧損5萬5千日圓的赤字狀態。更別說除了上述支出之外，還要繳納稅金；如果店鋪有貸款，資金壓力就更大了。若沒有因應對策，店鋪將無法持續經營下去。

假設收支條件完全相同，但翻桌次數提高到5次，情況又會如何？以午餐時段來說，假設營業時間為早上11點到下午2點，總共翻桌5次，那麼每一個客人停留在店裡的時間就是36分鐘。所謂的停留時間，指的是從客人入座、餐點上桌到用餐結束、最後店員完成清理，整個過程所需的時間。

假設翻桌次數達到5次，算下來一天會有100個客人上門光顧。在一個大約30

萬人口的地方城市，這家店已經算是相當受歡迎了。
只要一到營業時間，排隊人潮總是絡繹不絕，無論廚房或外場，都忙碌得像打仗一樣。店內總是座無虛席，擠得水洩不通。受歡迎程度如上述水準的店鋪，每月營收為：

850日圓×20個座位×5次翻桌×25天＝212萬5000日圓

隨著來客數量增加，如果不多雇幾個員工，店裡就會忙不過來。瓦斯和水龍頭也一直開著幾乎沒有關。因此，支付給兼職人員的工資和水電瓦斯費也會同時增加。
假設支付給兼職人員的工資高出2.5倍，水電瓦斯費增加1.5倍，那麼兼職人員的工資是50萬日圓，而水電瓦斯費則是15萬日圓。除此之外，衛生紙等消耗品的用量變大，使得雜費支出也增加了一倍，提高到10萬日圓。如果老闆的生活費維持在20萬日圓，那麼成本以外的總支出將達到95萬日圓。上述情況下，店裡每個月可以賺取的盈餘為：

212萬5000日圓×0.7－95萬日圓＝53萬7500日圓

對個人獨資的經營者來說，營收扣除用費後剩下來的錢即為所得，也是國家的課稅對象。由於老闆的生活費（20萬日圓）不能列為費用，因此這家店的每月所得為：

20萬日圓＋53萬7500日圓＝73萬7500日圓

上班族的「年收入」和自營業者的「所得」差異

對上班族來說，「年收入」一詞通常是指公司支付員工的薪資總額。該薪資總額尚未扣除社會保險費用、所得稅等等從薪水中預扣的金額。

因此**就自營業者的收入來說，營收扣除費用後的「所得」，會是較適當的比較對象**。以剛才的例子來說，每個月73萬7千5百日圓的所得乘以12個月，就相當於上班族的年收入。因為自營業者沒有年終，所得總額為885萬日圓。根據日本國稅廳的調查，2020年上班族的平均年收入為433萬日圓。乍看之下，自營業者

自營業者（所得）和上班族（年收入）的差異

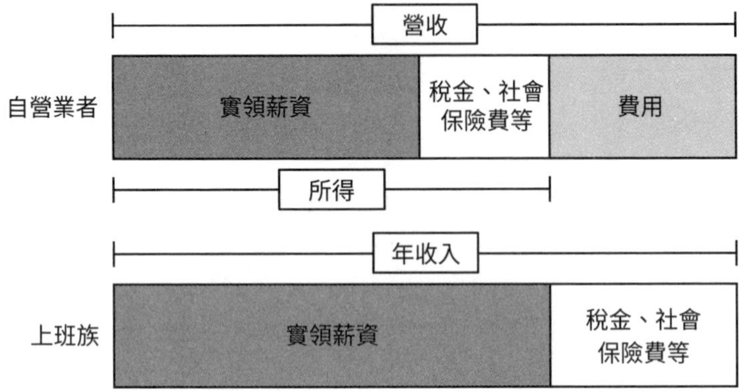

的收入似乎比上班族高上許多。

當然，這只是相當粗略的計算。如果追加營業晚餐時段或延長營業時間，或許可以賺進更多錢。

儘管如此，在一個商圈約30萬人口的地方城市，光是營業午餐時段一天就能供應高達100多碗拉麵的店家，勢必是相當受歡迎的人氣拉麵店。

此外，和受雇於公司的上班族不同，自營業者創業時需要投入資金。大部分的創業者會利用貸款來支付初期投資，因此未來他們必須從利潤當中扣除稅金，再用剩餘的錢償還貸款。

假設以利息1%的條件貸款1000萬日圓，且必須於10年內攤還，那麼每個月的還款金額大約是8萬7千日圓。為了簡化計算，我們假設一年份的還款金額為１０４萬４千日圓。

用這個數字來計算看看實際盈餘金額大約是多少吧。假設扣除所得稅和社會保險費之後，還剩下七成左右的盈餘（事實上，上班族享有薪資所得扣除額、自營業者享有青色申告特別扣除額。上班族需支付社會保險費、自營業者需支付國民健康保險費。儘管兩者計算方式不同，但在這裡以簡化的方式計算）。

那麼對一般上班族來說，繳納稅金並支付社會保險費之後，實領薪資為：

４３３萬日圓×0.7＝３０３萬１０００日圓

另一方面，對一個自營業者來說，假設經營一間每天來客數１００人的餐飲店，在一年需還清１０４萬４千元貸款的前提下，可以計算出每年的盈餘為：

885萬日圓×0.7－１０４萬４０００日圓＝５１５萬１０００日圓

（請參閱本書第213頁的圖表）。

拉麵店容易受流行趨勢影響，經營起來相當困難。曾經的排隊名店在不知不覺間倒閉的情況也不算少見。據聞放眼整個餐飲業界，能夠在開幕十年後生存下來的店家，僅有一成而已。

即使創業需承擔如此高的風險，每個月的盈餘也只不過是上述舉例程度的金額。和一般上班族相比，經營餐飲店的每月可支配收入確實比上班族更高，只是同時也會覺得，倘若才這種程度的金額，並不值得冒這麼大的險。

為了營利而拓展多家分店

餐飲店的每日最大來客數，取決於「座位數×翻桌次數」的上限。

因此，若想提高營收，就必須**透過擴展分店，至少經營兩家以上的店鋪，才有可能達成**。而多店經營的成功範例，就是「**連鎖化經營**」。以拉麵這個領域來說，我想大多數人應該都能立刻想到幾個知名品牌吧？其中許多品牌就如同常見的拉麵店一般，是由單一店鋪起步，並逐漸擴展分店。

例如經常在大城市車站前展店的「日高屋」，就是其中一個成功案例。連鎖拉麵店「日高屋」最早發跡於１９７３年，從埼玉市大宮區的第一家店開始，拓展事業版圖。

餐飲業經營者和公司職員可支配收入之比較

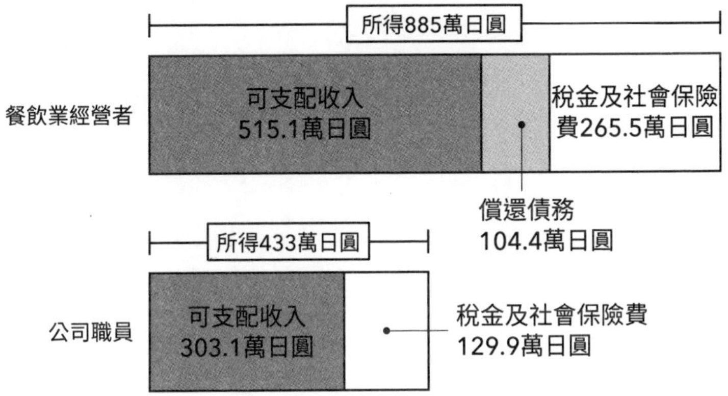

「日高屋」首先在附近區域拓展多家分店，１９９３年正式進軍東京。當時「日高屋」的所有門市都是直營店，分店數量於２００２年達到１００家，２００８年突破２００家。據說「日高屋」的總營收在２００４年達到１００億日圓，２００９年達成２００億日圓。目前包含加盟店在內，「日高屋」的分店數量已經超過４００家。

一家餐廳能夠成長到如此規模固然罕見，但因為受歡迎而開分店的情形比比皆是，並不限於拉麵店。

以我的興趣格鬥技為例，人氣鼎盛的道場往往會在稍遠一點的地方開設第二家道場。即便是如今事業版圖遍布全球的優衣庫（ＵＮＩＱＬＯ），當初也是從山口縣的單一店鋪起家的。

拓展多家店鋪的收支預算

如此一來，若要擴大事業規模，就一定要增加營業據點。我們剛剛算過一家拉麵店的所得，以該店鋪為例，若開第二家店，狀況會如何演變？

假設第二家店依循總店模式，順利成長為每天翻桌次數達到5次的人氣名店（每月營收212萬5千日圓），並雇用一位每月薪資40萬日圓的正式員工擔任店長。

除此之外所有條件相同，成本以外的支出為115萬日圓。支出細項包含雇用計時人員50萬日圓、店長工資40萬日圓、水電瓦斯費15萬日圓以及雜費10萬日圓。根據上述資訊，可以算出第二家店的預估收支為：

212萬5000日圓×0.7－115萬日圓＝33萬7500日圓

扣除30%的稅金和保險費，同時第二家店也須償還相同額度（每月8萬7千日圓）的貸款，那麼這家店每個月可以運用的盈餘金額為：

33萬7500日圓×0.7－8萬7000日圓＝14萬9250日圓

換算為一年份的金額，即為179萬1千日圓。

雖然這筆錢看似所剩無幾，但初期投資的1000萬日圓貸款，花5年半的時間就能回收了。只要這家店鋪能夠順利經營下去，就是非常好的投資。

如果有能力開到第三、第四家分店，就能將還完貸款的店鋪的營業利潤挪給其他店鋪還款，進一步加快整體事業成長。觀察日高屋的案例就能發現，分店增加的速度只會愈來愈快。

當然，多店經營模式也有風險。由於貸款總額和固定成本會隨著店鋪的數量等比例增加，因此如果店鋪的人氣下滑，營收也會迅速下滑。

為了避開風險，選擇少數營運狀況穩定的店鋪持續經營，也未嘗不是一個正確的選擇。做生意沒有標準答案，因此經營者更應該審時度勢並洞悉環境，才能在緊要關頭做出決策。開設分店不僅考驗經營者的管理能力，更考驗經營者的膽識與眼光。

04 何謂「收益是觀點，現金是事實」？

——拉麵店的「折舊」和「稅金」

稅理士的主要工作是代理財務報表和申報納稅。有些客戶把我當成顧問，每個月都來找我諮詢公司經營狀況；也有些客戶只會在報稅時委託我處理相關作業。

這些一年只見一次面的客戶，有些人甚至沒有妥善處理會計事務，只帶著記錄營收的筆記本和一大疊收據前來。

以獨資經營的一人公司來說，很容易發生公司帳戶和個人生活帳戶併用的狀況。也就是說，無論是採購、營收、租金或小孩的補習班學費，都來自同一個帳戶。這種情況只要維持一年左右，大多數人就會開始搞不清楚錢花在哪裡，或用途是什麼。

面對上述狀況，我們必須嚴格檢查每一筆收支，將公司業務相關支出記錄為費用，並忽略不相關的支出，才能進入報稅的準備工作。

實際增加的金錢不等於帳面上的利潤

如此這般，年度的申報作業終於完成。當我向客戶報告剩餘的利潤金額時，他們經常一臉困惑地說：「嗯！？帳面上的利潤怎麼會那麼高？」為什麼會有這樣的反應，每個人的原因都一樣，那就是**實際剩下來的錢不等於帳面上的利潤**。

俗話說「**收益是觀點，現金是事實**」。意思是雖然企業有盈利，但資金卻不足，最壞的情況是無法持續經營，也就是所謂的「黑字倒閉」。

如果公司無法持續創造利潤，資金就會不斷減少。有幾種方法可以增加手頭上的資金，例如「創造利潤」、「貸款」和「出售資產」等。儘管如此，借來的錢是要還的，而一旦出售手上的資產，就會失去該項資產。因此若要穩定獲取資金，基本原則還是創造利潤。

只是一般來說，**手頭上增加的金額不會等於帳面上的利潤金額**。因為向銀行還款的金額不會被視為費用，因此還款金額將從利潤中扣除。此外，只要花錢投資設備，就會透過折舊的方式（參閱本書第114頁）將支出的金額列為費用，分攤到後續幾年當中。

舉例來說，假設公司購入一輛價值300萬日圓的汽車，並將這筆錢以折舊的方式分攤到未來6年。當年度公司的現金會減少300萬日圓。若公司以定額法（又稱直線法或平均法）折舊，每年提列等額折舊費用，則一年可編列六分之一，也就是50萬日圓作為費用。如果是在年中購買的話，折舊金額會按月份進行分配，因此每月的折舊金額會更少。

另一方面，假設這筆款項的還款期限是3年，在不計入利息的狀況下，每年的還款金額仍高達100萬日圓。因此**在貸款清償完畢之前，每年為了還款所支出的金額將大於編列在費用當中的金額**。

這麼一來，**當這類有實際支出但未列為費用的金額累積起來，即便帳面上產生利潤，實際剩下的資金也沒有預期的多**。

「稅金」緊追在後

另一個要談的是稅金。稅金的可怕之處在於其「最後繳納」的特性。無論所得稅、住民稅、消費稅和法人稅，基本上都是在公司年度結算時計算稅金，然後才繳納稅款。

由於實際回收營業款項的時間點早於繳稅的時間點，因此，如果公司先從銷售所

稅金是最後繳納的費用（以所得稅為例）

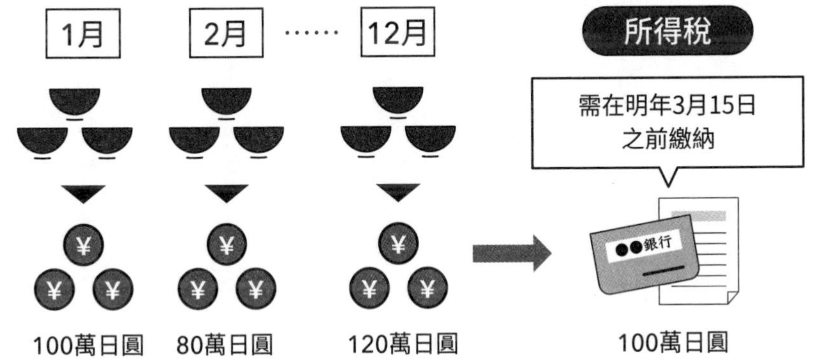

得中撥款支付費用，那麼剩餘的資金就可能不夠用來繳稅。

我們以前幾章提到的拉麵店為例。假設該拉麵店是老闆獨資經營，我們來粗略計算一下。這家店的店長是丼振先生（參閱本書第38頁），他做任何決定都靠直覺。而丼振先生的拉麵店因為被電視台採訪而大受歡迎。營收也大幅成長為去年的2倍。

假設這家店的成本率為35％，固定成本為800萬日圓。在固定成本當中，有100萬日圓被認列為折舊費用，但並未實際支出。

這家店爆紅之前，當年度含稅（消費稅）營收為2000萬日圓，稅後營收為2000萬日圓。每月需償還的債務為15萬日圓，此外所得稅、住民稅和健保費等租稅負擔率為30％。根據上述情況，這家店實際剩餘的資金計算如下。

邊際利潤：2000萬日圓×0.65＝1300萬日圓
所　　得：1300萬日圓－800萬日圓＝500萬日圓
稅　　額：500萬日圓×0.3＝150萬日圓
稅　　後：500萬日圓－150萬日圓＝350萬日圓

繳納稅金後剩下的350萬日圓，是否能全部成為手頭上的資金？並非如此。因為折舊費用事實上並未支出，而且還得償還貸款。

還款金額：15萬日圓×12個月＝180萬日圓
手邊剩餘：350萬日圓＋100萬日圓
（折舊費用）－180萬日圓＝270萬日圓

這筆錢就是老闆可以自由運用的生活資金。一個月大概只有22萬5千日圓左右可用，如果還要養小孩，可能很難存錢。由於需要還款的額度愈低，手頭上的資金就會什麼是「進項稅額率」？

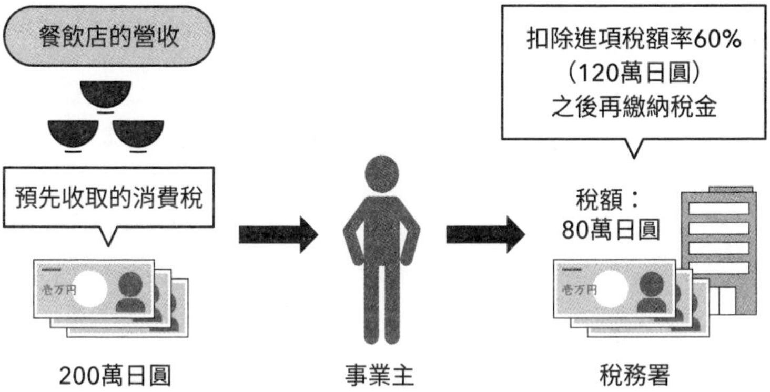

更寬裕，如果不需償還貸款，每月可支出的金額將提高到37萬5千日圓。因此我們可以很清楚看出，壓低初期投資金額是更有利的做法。

容易忘記繳的消費稅

經營者需要特別注意的費用，還有消費稅。

所謂消費稅制度，是消費稅由企業向消費者代收，且需在扣除採購等支出時支付的消費稅後，向政府繳納差額。不過，為減輕中小企業計算差額的行政負擔，日本政府針對中小企業開放「**簡易課稅**」制度。無論如何，雖然企業代收的營收現金將暫時增加，但營收愈高，之後需繳納的消費稅金額也就愈高。

若採用簡易課稅制度，餐飲業的進項稅額率

為60%。根據該制度規定，其機制是「將營收當中預先收取的消費稅的60%視為採購時已支付的消費稅，因此需向政府繳納剩餘的40%差額」。

假設井振先生的拉麵店也採用此制度，從預先收取的消費稅當中繳納40%的差額。

那麼若消費稅為10%，且含稅營收為2200萬日圓、稅後營收為2000萬日圓，那麼兩者的差額200萬日圓即為預先收取的消費稅。

消費稅額：200萬日圓×0.4＝80萬日圓

這筆80萬日圓的消費稅額因為是預收稅款，所以會暫時成為店家手頭上的資金。很多人會因此產生錯覺，以為店鋪在不知不覺間賺了很多錢，結果不小心就把這筆錢給花掉了。若妥善保存這筆錢，當然不會有問題，但如果不小心花掉了，等到後續得知需繳納的稅額，一定會嚇得臉色發青。

即使營收上升也不能隨意揮霍，否則仍可能得不償失

接下來，以營收翻倍的年份為例來計算看看。

含稅營收是４４００萬日圓，稅後營收則是４０００萬日圓。假設這一年租稅負擔率提高到40%。

在其他條件不變的狀況下，手頭剩餘的資金將變化如下。

邊際利潤：４０００萬日圓×0.65＝２６００萬日圓
所　　得：２６００萬日圓－８００萬日圓＝１８００萬日圓
稅　　額：１８００萬日圓×0.4＝７２０萬日圓
稅　　後：１８００萬日圓－７２０萬日圓＝１０８０萬日圓

這麼看來，這家店每年可賺取的利潤變得相當可觀。當然實際上的計算過程更加複雜，租稅負擔率也更高，但這裡只是舉例說明，因此簡化了計算內容。假設一家店能夠大幅提升營收到這個地步，那麼即使把折舊費用和還款資金都算進去，最終手頭剩餘的資金也會大幅增加。

還款金額：15萬日圓×12個月＝180萬日圓
手邊剩餘：1800萬日圓＋100萬日圓（折舊費用）－180萬日圓
＝1000萬日圓

平均分配之後，一個月可運用的資金大概是83萬日圓。一個令人夢寐以求的金額，對吧？此時務須注意的是，**千萬不要因為手上的資金增加，而隨意揮霍。當事業蒸蒸日上時，一定會有人在不知不覺間改變了原來的生活方式**。他們可能開始開更高級的車、開始頻繁喝酒應酬，這些都是顯而易見的例子。

或許各位讀者的身邊也曾出現過類似案例。因為賺了錢而得意忘形，最後導致公司走向倒閉結局的大有人在。

經過一年來的努力經營，公司的資金增加不少，這使丼振先生的自信心開始過度膨脹。

他決定實現年輕時的夢想，也就是買一輛保時捷。保時捷的價格是1000萬日圓。雖然手頭上的資金會一口氣大幅減少，但丼振先生心想「這些錢明年再賺就有了」，於是心一橫，以一次付清的方式購入了保時捷。除此之外，丼振先生更常出去喝酒應酬，還總是去有美女的店續攤。很快地，積蓄一下子就花光了。

日子就這樣一天天過去。過了一年，由於電視節目的宣傳效應逐漸減弱，來客數也開始慢慢恢復到過去的水準。還是像以前一樣，腳踏實地努力吧！——丼振先生才這麼想著，委託整理財務報表的稅理士來電告知需繳納的稅額。由於含稅營收增加了一倍的，預先代收的消費稅也連帶增加一倍，達到了400萬日圓。

消費稅額：400萬日圓×0.4＝160萬日圓

丼振先生不僅沒錢繳納消費稅，甚至連所得稅和住民稅都無法負擔。深陷資金困境的丼振先生，最終決定脫手他的保時捷。

靠應急資金周轉，結果吃了大虧……

這確實是個相當極端的案例，但類似的情形其實並不少見。我在從事本業的工作時，就曾經有客戶委託我協助「**企業振興**」，幫助瀕臨破產的企業重新站穩腳步。首先要做的第一件事，就是分析現狀。檢查決算書等財務報表，調查公司的問題出在哪裡。

這類型的企業大多因為赤字累積，而陷入資金即將耗盡的窘境。在許多案例當中，常見的情況是企業使用了「**應收帳款管理服務**」，支付手續費將應收帳款出售給第三方公司。但因為該服務需要支付手續費，使得現金收入將會低於原先預期。但在資金周轉困難時，企業往往不得不選擇這樣的做法。

如果是獨資經營者，一旦繳不出稅金，許多人會選擇以自己或家人的名義向銀行申請信用卡貸款。這麼一來，雖然資金水位得以暫時回升，但需要支付的金額也會隨著利息逐漸增加。時間拖得愈長，資金困難的狀況只會不斷加劇。

當經營遭遇危機時，最重要的不是籌措臨時應急的資金，而是從根本改善事業體質。經營者該做的不是依賴貸款，而是削減不必要的支出，重新審視價格並提升盈餘所得，這些才是改善公司營運狀況的關鍵。

人生遭逢巨變，往往源於微不足道的小事。經營者務必得如履薄冰，以免得意忘形而招致危機。

05 拉麵店也害怕的「稅務調查」
——可以報帳的費用、不可報帳的費用

我的本業是士業，擁有公認會計士、稅理士、司法書士和行政書士等四張專業執照。公認會計士的主要業務是審計企業的財務決算及報表，以及提供經營相關建議。

司法書士對許多人來說可能較為陌生，主要工作是為顧客代理需要登記的手續，例如因買賣或繼承不動產而需辦理姓名變更、或公司遷址需辦理所在地變更登記時，就需要司法書士的專業協助。

行政書士負責製作申請建築許可所需的文件等等。

稅理士的工作內容則是代理個人或公司的稅務申報事宜。

我每天的日常工作就是製作大量文件，並和法院、法務局、稅務署和市政府等機關打交道。在這些政府機關當中，**稅務署的手續略有不同**。每次到稅務署，我總是抱著「真令人不安……」的心情，同時感到些許緊張。

稅務署不會明確指出錯誤

為了比較稅務署和其他機關的差異，我先以司法書士處理不動產登記為例，說明辦理手續。假設B購買了A的土地。在上述狀況下，申請姓名變更時，文件誤填為「C購買了A的土地」，會發生什麼事呢？

登記的申請地點是管轄該土地所在轄區的法務局。法務局有一個稱為「登記官」的專業職位，負責檢查所有申請文件。

在此次的申請文件當中，土地明明是B買的，卻填寫為「請登記在C名下」。由於作為附件提交的買賣契約書上，白紙黑字寫著該土地的購入者為B，與申請文件內容並不一致。

此時，登記官會負責核對申請文件和所有附件，確認內容是否相符。如果登記官判斷資料有不正確之處，就會要求修正文件內容，在某些情況下也可能駁回申請。就上述案例來說，由於出錯的是取得土地權利的權利人姓名，若辦理手續的人不主動撤回，登記申請將會被駁回。

就像這樣，當申請文件出錯時，登記官將主動聯繫並告知「申請文件有誤」的消息。這項程序最快可以在提交申請後數日內完成。

行政書士也會向市政府等行政機關提交文件，提交文件後的流程基本上都相同，市政府會檢查文件內容，若出現錯誤，會在文件提交後不久要求業主修正文件。

然而，在稅務署提交文件後的流程，和法務局、市政府等機關完全不同。最大的差別是「即使文件內容有誤也照常受理」這一點，就是令人緊張的原因。

草率的申報資料可能使你成為「稅務調查」的對象

各位讀者或許都聽過「**稅務調查**」這個詞彙。稅務調查是一種針對納稅人的查稅行為，主要實施對象為公司和獨資企業。稅務署將指派調查官，檢查申報資料是否正確。

具體來說，調查官會拜訪公司或店鋪，核對申報資料、會計帳簿、存摺和收據等資料，並針對細節加以詢問調查。

調查範圍基本上涵蓋過去三年的報稅資料。但是，若在調查過程中發現任何不正當的計算行為或逃漏稅等事實，調查可適用期間為五年。除此之外，若被調查官發現故意短漏報部分所得等惡意行為，調查追溯期間可長達七年。

如果申報內容有誤，由於企業必須更正申報資料，稅額也因此會產生變動。在大多數的情況下，企業通常需要補繳短少的稅額。

總結來說，假設企業提出草率的申報資料，也不會馬上收到稅務署的聯絡。這是因為營利事業所得稅在申報後必須經過一段時間的調查，錯誤才會在調查當中被稽核出來。這就是報稅的恐怖之處。

隨便亂報稅會造成什麼後果？

只要認真製作申報資料，即便稅務機關進行稅務調查，也不用特別擔心。我列席客戶的稅務調查過程時，氣氛通常都很和諧。大家時而閒話家常，整個調查流程一般在一到兩天內完成。

即便有時可能因為判斷或解釋上的意見分歧，被調查官指出問題並需要補繳稅款，但大多是僅需補繳數萬日圓的小問題。

反之，如果公司沒有正確申報所得資料，面對稅務調查時情況將變得非常棘手。「稅務署的人來了，請幫幫我們」，我們事務所有時會接到客戶以外的公司委託，因而列席參與調查。

這類狀況的稅務調查就像受到從早到晚的審訊盤問，氣氛非常肅殺。在目光銳利的稅務調查官以各種問題不斷轟炸下，申報不用心的企業總是臉色鐵青、冷汗直流。

接下來將以那位全憑直覺經營店鋪的井振先生為例，更具體地解釋稅務調查可能發生的狀況。報稅截止日快到了，但井振先生搞不清楚店鋪的所得數字，收據也亂七八糟。一直以來，井振先生都把報稅事宜丟給稅理士全權處理，可是因為手上沒有現金，沒辦法再請稅理士協助。

隨著申報納稅的截止日逐漸逼近，井振先生變得愈來愈焦慮。最後，他自暴自棄地想著「算了隨便吧」，便將營收定為2000萬日圓，費用的部分則將各項隨便加總為2000萬日圓。因為所得為零，所以不須支付所得稅。消費稅則因為搞不清楚狀況，就當作沒這回事。

井振先生帶著他那份隨便製作的申報書來到了稅務署。當他忐忑不安地將資料提交給櫃檯時，他的資料被正常受理了，沒有被問任何問題。

「什麼嘛，原來這樣也可以啊。」——井振先生澈底鬆了一口氣。從那一年開始，他自信滿滿：「不用請稅理士，我也可以自己完成報稅。」

翌年，丼振先生得意忘形地製作了一份與去年數字完全相同的申報書。緊接著再下一年，他甚至直接影印了一份相同的資料就直接繳交了。

從丼振先生自己處理報稅開始，又過了幾年。丼振先生經營的「丼飯拉麵」生意平平。雖然不至於破產倒閉，但每個月的收入只夠勉強應付支出所需，手頭上幾乎沒有剩下多少資金。

儘管如此，每天全心全意努力烹煮拉麵的日子依然相當充實。客人偶爾稱讚拉麵「好吃」，或是在店裡看到幸福吃著拉麵的家庭，對他來說就是最好的回饋了。

明天也要繼續努力——。他一邊這麼想著，一邊打掃店鋪時，店裡的電話響了。

「您好，這裡是稅務署。我們即將進行稅務調查。」——這是一個突如其來的聯絡。

幾天後，一名調查官來訪，他檢查了店內的收銀機和銀行帳號的記錄。忽然間，丼振先生收到令人難以接受的嚴峻後果。他被要求繳納五年份的所得稅和消費稅，加上各項罰款，總共需支付1000萬日圓。

追徵稅款的金額可能很龐大……

就未繳納應納消費稅或虛報所得等案件來說，追徵如此高額稅款的狀況並不少見。近年來，隨著報稅軟體日新月異，愈來愈多人不需委託稅理士即可自行完成納稅申報。只要正確遵守報稅規定完成納稅申報，當然不會有問題；但若沒有做到這一點，就很可能遭受無可挽回的嚴重損失。

即使虛報情況沒有上述案例極端，**我也遇過想盡辦法把一切支出列為費用的人**。支出的費用愈多、所得就愈低，需要繳納的稅額也會變得更低。所以有些人把工作無關的治裝費、買漫畫的錢也納入營業費用，藉此減少公司所得以降低稅額。

以獨資經營來說，只有和經營事業相關的支出可以列為費用。如果不管什麼支出都列入費用計算，等於透過浪費錢來降低應繳稅額，這樣極度不公平。

稅務調查一旦開始，調查官將檢查公司的收據和帳簿，並詳細詢問相關問題。舉例來說，如果列支交際費的餐廳收據包含兒童餐，就一定會被問到「請告知一起吃飯的成員」這個問題。這個問題很基本，因為他的意思其實是「你是不是把和家人一起去吃飯的支出列入營業費用？」

調查官擁有大量閱覽申報書的經驗，他的工作就是日復一日地查帳，因此半吊子的瞞騙手法是絕對行不通的。

經營者即便認真確實管理公司的日常事務，若對稅務申報敷衍了事，後續可能被追徵龐大稅款，而導致事業陷入困境。若將明顯與公司業務無關的支出列為費用，就構成故意逃漏稅的犯罪要件，一旦被發現必定會遭受嚴厲的懲罰。誠實申報稅務資料是守護公司經營體質的重要關鍵，因此請千萬不要向誘惑屈服。

06

拉麵店的「老闆」是什麼樣的人？

——法律上「個人」和「法人」的區別

日本有一間世界上歷史最悠久的千年公司。這家位於大阪的建築公司「金剛組」，專門從事神社和寺院的建設工作，創立時間竟然可追溯至西元578年。據說，這家公司由聖德太子從百濟請來的工匠創立，宮大工（建造神社寺廟）的技術一直傳承至今。

「公司」是什麼？

話說回來，所謂「公司」到底是什麼？在法律的語言當中，公司被稱為「法人」。所謂的法人，其概念相對於自然人（活著的個人），是由法律認可其存在，並享有權利和義務的權利主體。簡單來說，**法人是一種沒有實體，但可以雇用員工、購買不動產和存款的社會團體**。

順帶一提，並非所有團體都能自動成為法人。關鍵在於「受到法律認可」這一點。法人根據種類不同，有其相應的法律依據，且每種法人都有各自的法律規定。

一般來說，最為人所知的類型是被稱為「公司」的法人。事實上，公司也有很多種類型，各位讀者應該也曾經聽過股份有限公司、有限責任公司和有限公司等名稱。在這些類型的公司當中，日本已經廢止《有限公司法》，因此目前無法再成立新的有限公司。至於股份有限公司和有限責任公司，則需依循《公司法》規範之設立與運作規則。

公司以外的法人，則有財團法人，或是特定非營利組織（NPO法人）等。舉例來說，日本相撲協會即為公益財團法人。另一方面，日本雖然也有鄰里會或學校的家長會等團體，這些團體卻大多沒有法人化。這些團體有時也會被稱為「**自發性團體**」。

公司有執行長（社長）是理所當然的嗎？

一般來說，公司通常會有一位「執行長」。然而，**在設立公司時所依據的《公司法》當中，並未規定「執行長是公司的最高負責人」**。

公司的高層幹部被稱為「**董事**（取締役）」，其中能夠代表公司特定董事，則一定是「**代表董事**（代表取締役）」。儘管法律沒有特別規範，但依慣例，通常習慣使用執行長和專務等職位名稱。

順帶一提，從事事業活動時，可以以個人名義經營，也可以設立公司並以法人的名義經營。拉麵店也是如此。這一點光從店面外觀是無法判斷的，因此只是去店裡吃碗拉麵，也不可能得知該店鋪是個人經營還是法人經營。

提到執行長這個職位，總給人一種高不可攀的印象。不過，那位爽朗地喊著「來，請慢用！」並將拉麵端上桌的主廚，實際上可能是這家拉麵店的執行長。龍拉麵是以法人名義經營的公司，我就是這家公司的執行長。

我跟讀小學二年級的大兒子提到這件事時，他感動地說「爸爸好厲害！」，一副很尊敬我的樣子。實際上我做的事也是每天熬湯、煮麵，跟一般的拉麵店老闆沒什麼不同。

個人事業主和法人這兩個身分，是可以隨時切換的。一般人偶爾會聽到「法人化」（成立法人）一詞，指的是將原本以個人名義經營的事業，透過設立公司轉型為以法人名義經營。

當事業規模愈來愈大，大多數經營者會選擇轉型為公司。就拉麵店來說，幸樂苑、天下一品和一風堂等知名拉麵連鎖店的經營主體也都是法人。

成為法人後事業買賣將變得更加容易

可是為什麼一旦組織持續發展擴大，就需要轉型為法人呢？

首先第一個原因，**轉型為公司能夠確保組織持續運作，使經營更加穩定**。人都免不了一死，經營者也不例外。誰都不知道死亡會發生在遙遠的未來，還是馬上降臨。

然而對一個組織來說，一旦面臨上述狀況，根據其經營主體是法人還是個人，後續的處理方式將有所不同。無論是哪一種情況，只要是規模較小的企業，可能大部分的業務都只有經營者較為清楚，因此無論以哪種名義經營，後續都可能導致公司大亂。即便如此，法人相較於個人事業，能更快從困境中重新振作起來。

什麼是「法人化」？

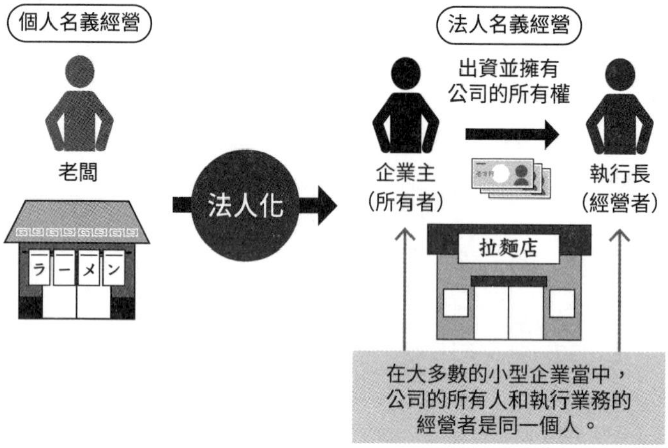

原因是法人本身具有權利，能夠合法取得許可和持有財產。

舉例來說，當一家餐廳要取得營業執照時，若是個人獨資經營，就需要以個人的名字取得執照。營業許可證上登記的姓名，也會是經營者個人的名字。但如果是法人的話，由於許可證將由法人取得，在登記時也會以法人名稱登記。

因此相較於個人事業，法人在業務轉移和繼承上更為簡單。

龍拉麵的經營主體是「SEEHO股份有限公司」，我本人擔任該公司的代表董事兼執行長。將來我可能因病無法繼續工作，也可能因為專注在其他事業上，而選擇賣掉這家店。

當這類情形發生時，可以透過以下

幾種方式來轉移拉麵店的業務。近年來，企業併購風潮逐漸盛行，「M&A」（Mergers and acquistions）這個專有名詞也更頻繁地出現在一般人的視野當中。就併購來說，最常見的是收購目標公司的股份。股份有限公司的所有權和經營權兩者分離，持有股份的股東選出公司的高層幹部，被選出的人則負責管理公司。

股東會在股東大會上選出包含執行長在內的高層幹部，而且基本上只有贊成票過半數的提案才會通過。也就是說，只要持有過半數的股份，就能自由決定公司的管理高層，實質上掌控整間公司。

假設併購是透過收購目標公司股份的方式取得控制權，那麼儘管公司的管理高層和股東結構會變動，但公司本身不會發生任何改變。在目標公司擁有的財產和獲取許可都維持不變的情況下，併購行為可以在不影響公司業務的狀況下發生。

即使發生執行長去世這類的突發狀況，上述併購方式仍然適用。只要在事情發生後立刻選出新的執行長，那麼公司仍能持續合法營運下去。因此我們可以這麼說，和個人事業相比，維持公司的經營要來得容易許多。

只要轉型為法人就能分散收入

另一個轉**型法人的優勢是可以分散所得，因此更容易留下資金**。

當個人事業法人化之後，公司的所有人通常也會是公司的執行長。**在大多數規模較小的企業當中，出資的股東和經營者通常是同一個人**。股東兼任經營者在法律上不會產生任何問題。

不過這麼一來，擁有公司的企業主獲取收入的方式將大幅改變。

在轉型為公司前，從事任何營利事業所剩下的盈餘，都屬於經營者的收入。以拉麵店為例，從營收當中扣除採購、店租等所有支出後，剩下來的部分就進到老闆的口袋，成為收入。

然而一旦轉型為公司，擁有公司的這位老闆就會搖身一變成為「公司的高層管理幹部」。儘管這位老闆仍每天熬湯、煮麵，但他的頭銜將從「獨資經營者」轉為「代表董事兼執行長」。

一旦成為公司的高層管理幹部，就如公司員工一樣，從公司領取薪水。這麼一來就能分散所得，最終達到降低賦稅的結果。

為了讓各位讀者更容易理解，我用簡化的方式舉例說明。

假設某年某家拉麵店的利潤為1600萬日圓。如果這家拉麵店是獨資企業，那麼稅金將直接根據這個所得金額來計算。

由於所得稅是採累進稅率課稅，因此所得愈高，適用的稅率也愈高。拉麵店的所得為1600萬日圓，所得稅率為33%，將所得乘以稅率後，再依法扣除指定扣除額，就能算出該年度的稅金。所得1600萬日圓適用的扣除額為153萬6千日圓。為了簡化計算，這邊不考慮其他各項扣除額，可算出稅金數字如下。

1600萬日圓×0.33－153萬6000日圓＝374萬4000日圓

另一方面，若拉麵店的經營主體是法人，讓我們來計算看看稅金會如何變化。

假設公司從1600萬日圓的利潤當中，向執行長（也就是自己）支付800萬日圓，作為高層管理人員的薪酬。這麼一來，法人獲取的所得為800萬日圓，而執行長的薪資所得也同樣是800萬日圓。

資本額1億日圓以下的法人，每年所得低於800萬日圓適用的稅率為15%。

800萬日圓×0.15＝120萬日圓

雖然高層管理人員的薪資報酬800日圓也要繳稅，但適用於「薪資所得特別扣除額」。可以把這筆費用想像成上班族需支出的基本開銷，如購買西裝、公事包等等。以800萬日圓來說，薪資所得特別扣除額是190萬日圓，扣除後的薪資所得為610萬日圓。薪資所得610萬日圓適用的扣繳稅率為20%，標準扣除額為42萬7千5百日圓。

610萬日圓×0.2－42萬7500日圓＝79萬2500日圓

法人稅和所得稅都計算出來後，兩者合計金額為：

120萬日圓＋79萬2500日圓＝199萬2500日圓

根據算出來的數字，我們可以得知公司法人需繳納的稅金，會比以個人事業來得更低（請參本書第243頁的圖表）。事實上還有其他項目的扣除額，實際計算更加複

個人和法人繳納的稅金差異

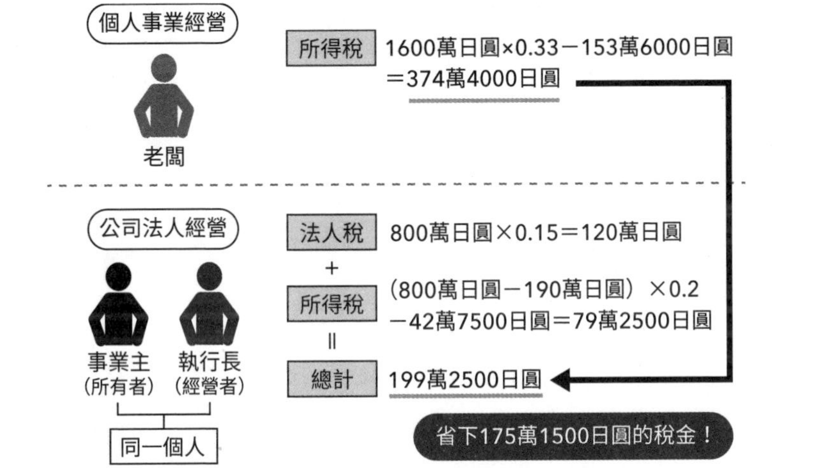

雜，但透過分散所得可以降低稅金，是無庸置疑的事實。

除此之外，只要成立公司，經營者也可以將配偶和子女指派為高層管理人員並支付薪酬。雖然獨資企業也可以雇用家庭成員，讓他們成為店鋪的員工，但如果成立公司，就制度上來說雇用的門檻更低。總結來說，當事業法人化之後，經營者更容易以家族為單位保留更多資金。

不用把這件事情想得很困難。只要有個印象，記得「**一旦開始賺很多錢就要轉型公司**」就夠了。當你實際感覺到這個時機來了，請務必向專業人士諮詢。稅理士和司法書士等專業人士所提供的服務，就是為了此類狀況而存在的。

龍拉麵的創業故事 ❹

以菜單很難被客觀評價

「趕快丟掉只要是好東西就會暢銷這種天真的想法！」這是《拉麵王》系列漫畫當中登場的拉麵大師，芹澤達也的台詞。理想的拉麵賣不出去，加點油脂隨便煮出來的拉麵卻反而大受歡迎——這樣的過去讓芹澤在身為拉麵職人的同時，也擁有身為經營者嚴苛的一面。

不只拉麵店，只要是餐廳，總有一天會吃膩。想到要去一家新餐廳吃飯，就覺得又興奮又期待，但已經去過的店家卻無法帶來這種興奮感。也因此無論如何，一家餐廳能吸引到的新顧客一定會逐漸減少。

為了因應這樣的情形，連鎖餐廳紛紛在菜單上推陳出新。即使不推出新菜單，也會推出季節限定的特別品項。例如麥當勞的奶油焗烤可樂餅漢堡和月見漢堡，以及松屋的美味番茄漢堡排等。餐廳之所以在短時間內推出全新和限定菜單，就是為了透過推出新品，來刷新客人對品牌的印象。做到不讓客人厭倦，就是最重要的關鍵。

讓我們試著設身處地，站在客人的立場想想。你應該不會太常去一家菜單品項很少的餐廳吧？如果菜單一成不變，客人遲早會厭倦。每當有新餐廳開幕，一開始大多人潮擁擠；既有的餐廳則因新鮮感流失，新顧客的數量也漸趨減少。而一家店如何在新鮮感流失前抓住多少固定常客，就是未來是否能穩定經營的關鍵。

若一家店不僅擁有固定常客，同時能吸引新顧客上門，讓營收穩定超越損益平衡點，便可說是邁出了成為不倒店鋪的第一步。

對於個人經營的餐廳來說，推出新菜單也是相當有效的策略。由於推出新菜單能有效集客，採用此一策略的店家並不少。

尤其拉麵又是屬於特別容易創新菜單的食物類型。無論是加入平常不使用的食材熬製湯頭，或是和受歡迎的餐廳聯名研發新口味，都能達到改變現狀、突顯店鋪存在感的目的。

龍拉麵也不能免俗，一路走來總是定期推出新菜單。我選擇在既有的食材當中添加一點其他風味，盡最大的努力降低創新菜單的風險。

截至目前為止，我已經成功研發出結合小魚乾和番茄的義大利風味拉麵「番茄煮干」，以及每碗使用１００克小魚乾熬成的「煮干１００」等創新口味的拉麵。

儘管自己對新商品抱著「這鐵定會大賣！」的十足信心，身邊家人試吃後也給予正面評價，然而實際銷量仍可能不盡人意。人的喜好百百種，研發者認為好吃的東西，並不一定能符合大眾的喜好。儘管如此，如果太過受他人意見牽制，拉麵的味道就會變得不穩定。

自己堅信的味道總有一天能征服多數人的味蕾——懷抱著這樣的夢想，我今天依然持續鑽研拉麵。

——為了成為那間永遠會「被顧客選上」的店——

龍拉麵所在的八戶市公會堂地點絕佳，就位於市政府旁邊，距離車站只要步行三分鐘，約五分鐘就有百貨公司和娛樂商圈，堪稱是「市中心」。在我出生到高中畢業這段期間，該區一直都是人潮擁擠的精華區，即便只是漫無目的地閒晃也很有意思。

高中畢業後我北漂東京，時隔二十年後又回到了家鄉。然後又過了數年，我親眼目睹了這座城市的轉變。正如許多地方城市，大型購物中心在郊區林立，八戶市過去歷史悠久的商業區也逐漸失去昔日的榮景。

從育兒的角度來說，郊區的購物中心相當方便。不僅可以買到所有必需品，還有麥當勞等各式連鎖餐廳、遊戲區和玩具店，足以打發大人小孩一天的需求。

和購物中心相比，市中心商圈的停車場要收費，生活必需品的價格也不便宜。儘管如此，我仍希望將這座城市的特有景點傳承給下一代。

出外旅遊時，我特別喜歡逛商店街，或是當地人聚集的餐飲店。在那裡我可以感受到當地的生活氣息，讓旅行的氛圍更加濃厚。如果旅行的地點只有連鎖店，我一定會感到非常失望，因為我不會想要特地去逛那些在家鄉或東京就逛得到的店。

最近「都市營造」這個詞彙愈來愈常被提起了。為了防止年輕人外流、活化地方，各地的地方政府都致力於打造充滿趣味的城市街景。

我開始思考「什麼樣的城市才算有趣呢？」這個問題。

對我而言，所謂有趣的城市，應該是「許多人在各個領域上投入心血努力奮鬥的城市」。因為任何事物只要有人喜歡，一定會有其他同好也覺得非常有趣。我相信只要將這股熱情傳遞出去，就能將人與人聯繫起來，引發彼此之間的化學反應，然後迸發出更多有趣的事物。

龍拉麵就是我為了創造充滿樂趣的城市而開始的一項挑戰。在東京大規模資本的壓力下，八戶市特有的店鋪正在飛快減少。如果朋友專程到八戶市觀光，問我「有什麼推薦的店家」時，腦袋浮現的卻只有連鎖店，應該會感到一股淡淡的哀傷吧。

至少在我成長的過程中，八戶市對年紀還小的我來說，依然是一個非常有趣的城市。

我不認為八戶市的趣味性是與生俱來的，一定是因為當時的人們付出許多努力，為市民打造了許多有趣空間的關係。

正因如此，在社會面臨少子高齡化問題的這個時代，我一直覺得應該站出來承擔風險並勇於挑戰的，就是正值三、四十歲的我們這個世代。八戶市要成為一個滿是連鎖店、千篇一律的城市？還是挖掘八戶市獨有的特色，打造出充滿活力的地方景點？我想現在就是最後的機會了。

只要能確立成功的經驗與方法，我就能透過自身經驗來支援未來有意投入這項挑戰的人們。如果能透過這樣的方式，讓有趣好玩的店家愈來愈多，八戶市或許就能找回以往的蓬勃生機。

為了重現當年那個洋溢著活力的熱鬧街景，今後我也會繼續站在這裡煮拉麵，為家鄉盡一份力。

結語

寫到這裡，我以拉麵店為例，向各位讀者說明了管理會計的思考邏輯以及管理資金的方法。如果能夠讓大家理解到這些知識對企業永續經營的重要性，我會非常開心！

我所居住的青森縣八戶市，因為面臨少子高齡化等問題，人口正在持續下降當中。回鄉六年，市中心街道的人群逐漸消失，閒置的店鋪空間也愈來愈多了。年輕人就像老生常談一般，總是一離開就不復返。

都市營造、少子高齡化等亟待解決的課題堆積如山。

面對現狀的種種問題，很明顯只有一個解答。那就是靠自己的力量打造出強大的產業。一個城市如果能提供好的工作機會，讓人們能賺取高薪，人口自然就會增加，城市本身也會因此而活絡起來。

而其中的關鍵在於擁有屬於自己的事業，而非仰賴東京大企業的雄厚資本來此設立工廠或分店。因為如果是自己一手打造的事業，就沒有資金撤出的風險，讓市民更有信心。

若要提升日本整體活力，一定要振興地方。地方是日本勞動力和糧食的供給來源，一旦地方衰退，終究影響到大都市的核心區域，致使日本整體也開始走下坡，這是顯而易見的結果。

擁有許多知名品牌的義大利，在地方分權制的進展之下，許多城市都擁有相當具競爭力的特色品牌，據說這些城市甚至多達１５００個。諸如寶格麗（Bulgari）和古馳（Gucci）等全球知名品牌，一開始也都是由地方的小型企業開始發展的。由此可見，即使只是發跡於地方的小公司，也有可能成為拓展全球的世界級企業。

仰賴廉價勞動力的商業模式很快就會迎來極限。透過創造高附加價值的商品並提高員工的薪資，可以促進經濟循環，最終達到守護城市發展的結果。

孩子們不一定是因為討厭自己的家鄉才離開的。他們只是在比較環境之後，理所當然地搬到環境更好的地方而已。

據稱，經濟停滯的「失落的三十年」仍在持續，日本企業的競爭力也持續下滑。雖然終身雇用制已經實質崩壞，然而另一方面政府也正加強扶植創業者的力度，打造創業友善的環境。因為日本各地都非常需要這些可以創造活力的創業者。

每一個人都潛藏著改變地方、甚至改變世界的可能性。如果這本書可以幫助各位取得成功，對我來說就是最開心的事了。

坐而言不如起而行，我也希望朝著致力開發高附加價值商品的目標邁進。首先第一步就是讓龍拉麵成為日本全國皆知的超人氣拉麵店（笑）。

除了拉麵以外，還有各式各樣的計畫正在醞釀之中，我只能咬緊牙關、不斷邁進。

當我的心思被這些想法占據時，突然聽聞主打「陸奧八仙」系列酒款的釀酒廠八戶酒造榮獲了世界酒坊排行第一名的消息。

沒想到世界第一的日本清酒竟然是八戶釀造的，讓我感到相當驚喜，實在是一件不得了的事情。八戶酒造的專務大我一歲，是我同一所高中的學長，是相當熟識的人。只要不斷付出努力，就會被世界認可——親眼見證身邊的人達到這樣的成就，這激勵了我，讓我充滿幹勁。

是成功，還是失敗？只有自己，才是改變未來的關鍵。

對沒有含著金湯匙的一般人來說，管理會計是一個能帶給你希望，並指引未來方向的工具。我衷心希望日本能夠孕育出更多充滿活力的人才。今後，我也希望能持續盡我所能，將先人傳承下來的環境，以更好的面貌交給下一代。

拉麵店每天都在排隊，為什麼還會虧？

從成本控管、損益平衡到持續獲利開店要懂的會計基本知識

会計の基本と儲け方はラーメン屋が教えてくれる

作　　者 —— 石動龍
譯　　者 —— 吳亭儀

副總編輯 —— 賴譽夫
主　　編 —— 洪偉傑
美術設計 —— 康學恩
行銷總監 —— 陳雅雯
行銷企劃 —— 張詠晶、趙鴻祐

國家圖書館出版品預行編目 (CIP) 資料

拉麵店每天都在排隊，爲什麼還會虧？ / 石動龍作；吳亭儀譯. -- 初版. -- 新北市：遠足文化事業股份有限公司, 2025.06　面；　公分
譯自：会計の基本と儲け方はラーメン屋が教えてくれる
ISBN 978-986-508-362-5(平裝)

1.CST: 餐飲業管理 2.CST: 成本控制 3.CST: 管理會計

483.8　　114005865

出　　版 —— 遠足文化事業股份有限公司
發　　行 —— 遠足文化事業股份有限公司
（讀書共和國出版集團）
地　　址 —— 23141 新北市新店區民權路 108-2 號 9 樓
電　　話 —— (02)2218-1417
郵撥帳號 —— 19504465 遠足文化事業股份有限公司
客服信箱 —— service@bookrep.com.tw

法律顧問 —— 華洋法律事務所　蘇文生律師
印　　製 —— 呈靖有限公司
定　　價 —— 新台幣 360 元
初版一刷 —— 2025 年 06 月
I S B N —— 978-986-508-362-5
978-986-508-360-1 (EPUB)
978-986-508-361-8 (PDF)